U0175014

记
/M/A/R/K/
号

真知　卓思　洞见

by

Évelyne Heyer

L'odyssée
des
gènes

浪漫的基因

从 700 万年前到 22 世纪，
一部"我们从何处来，
将往何处去"的流浪故事

[法] 埃弗莉娜·埃耶尔　著

孙佳雯　译

北京科学技术出版社

© Editions Flammarion, Paris, 2020

著作权合同登记号 图字：01-2022-6265

图书在版编目（CIP）数据

浪漫的基因：从700万年前到22世纪，一部"我们从何处来，将往何处去"的流浪故事 /（法）埃弗莉娜·埃耶尔著；孙佳雯译. -- 北京：北京科学技术出版社，2023.10

ISBN 978-7-5714-2935-5

Ⅰ. ①浪… Ⅱ. ①埃… ②孙… Ⅲ. ①人类基因—普及读物 Ⅳ. ①Q987-49

中国国家版本馆CIP数据核字（2023）第034230号

选题策划：记　号	电　话：0086-10-66135495（总编室）
策划编辑：闻　静	0086-10-66113227（发行部）
责任编辑：闻　静　马春华	网　址：www.bkydw.cn
责任校对：武环静	印　刷：北京华联印刷有限公司
封面设计：何　睦	开　本：880 mm × 1230 mm 1/32
图文制作：刘永坤	字　数：214千字
责任印制：张　良	印　张：10.75
出版人：曾庆宇	版　次：2023年10月第1版
出版发行：北京科学技术出版社	印　次：2023年10月第1次印刷
社　址：北京西直门南大街16号	审图号：GS京（2022）1540号
邮政编码：100035	
ISBN 978-7-5714-2935-5	

定　价：88.00元

京科版图书，版权所有，侵权必究
京科版图书，印装差错，负责退换

推荐语

　　人类历史就是"人的故事（his-story）"，即人类的社会、文化、文明和生产力、科技的演变和发展史。作者通过实地调查和取样分析，结合古 DNA 的研究成果与当代人类的基因组数据和成就，分类梳理了自 700 万年前以来人类历史上的关键节点和重要事件，以生动活泼的语言娓娓道来，叙述了人类走出非洲、遍及地球、探索自然、创造文化、弘扬文明的过程与故事。同时，放眼未来，思考人类应该如何继续这场仍未完成的大探险和大事业。此为荐。

——杨焕明

中国科学院院士、中国医学科学院学部委员。发展中国家科学院（TWAS）、非洲科学院和欧洲分子生物学组织（EMBO）成员，以及美国、德国、印度、乌克兰及丹麦皇家科学院的国际 / 外籍院士人类演化的科普书已经有很多了，但是有些畅销书却不一定能把握住科学的客观性和系统性。法国人类学家埃弗莉娜·埃耶尔的这部作品无疑在这两方面做得非常精致。由于作者长期从事人类遗传学一线研究，书中所展示的大部分是一手资料、直接的田野调查，也包括其他严肃科研论文所揭示的结论。作者用叙述故事的语言将这些硬科学娓娓道来，为读者纯粹地展现了科学的意义。在系统性上，本书试图展示一个人类演化的全尺度历史，从六七百万年前最早被称为"人"的图迈人和千禧人开始，一直讲到未来的人类会发生怎样的演化，这使得人类演化的逻辑变得非常清晰。本书也涉及了全世界几乎每一个角落的人群，虽然对中国的部分介绍较少，但却是中国读者了解世界人群的难得佳作。相信每位读者都能从本书中得到大量启发。

——李辉
复旦大学现代人类学教育部重点实验室主任

序　言

　　2011 年夏天，西伯利亚。清晨，当我走过木屋林立、尘土飞扬的街道时，时间还不到 8 点。远处，太阳从阿尔泰山脉中缓缓升起，那是哈萨克斯坦、中国和蒙古三国接壤的丘陵地区。然而，我几乎没有注意到这堪比《指环王》中画面的壮丽风景，因为此刻我所有的注意力和想法，都集中在我已经耗时 10 年的项目上。这个项目的主题看上去有点疯狂：仅从 DNA 出发，重建中亚人的历史。对我来说，基因是一部史书，一台时间机器。通过遗传学，我探索了人类的远古"记忆"，关于遥远的彼时，没有任何档案资料可供我们参考。

　　我之所以来到亚洲，是为了调查该地区几个世纪以来的人类定居情况，但这项工作属于一个更宏大的图景。后者的目的是要回答一个所有人都想知道的问题：人类是如何"征服"地球的？最初在草原上游荡的区区一小撮现代人[1]，是如何在短短几百万年的时间内成为地球的主导物种的？我们以迅雷不及掩耳之势占领了各大洲及其生态系统，我们的适应能力惊人。人类在离开非洲这片摇篮、踏上冒险之旅时，选择了什么样的路线来探索新的土地？为了应对新气候的挑战，人类的基因组发生了多大程度的变化？如今，地球上有约 80 亿人。我们每个人都是这段集体历史的孩子。

田野调查

所以，我和我的研究同事一起，在这个地区的一个村子里收集人口的 DNA 样本。为了完成这项任务，我们已经得到俄罗斯卫生部和文化部及阿尔泰共和国的许可。不过，"多把雨伞总是好的"，我们还需要得到当地村长的同意，因为只有村长能够准许我们和当地居民讲话。鉴于过去的挫折经验，尽管内心很兴奋，我还是带着一丝忧虑赴约。我记得曾经有一次，在吉尔吉斯斯坦，我们到了一个由与当局敌对的部落控制的地区。尽管我们获得了政府的许可，但根本没有机会和当地人协商。

村长有着该地区人民的典型外貌：圆脸，皮肤黝黑，杏仁

---

[1] 现代人属于南方智人，即包括你我在内的如今的人类。现代人与尼安德特人、丹尼索瓦人都是智人物种下的亚种，各个亚种之间有生殖障碍，较难产生有效后代。本书在需要明确区分智人亚种时，使用"现代人"一词；在不影响理解的其他情况下，使用"人类"一词指代现代人。——编注

状的眼睛，单眼皮。他的办公室里没有任何带装饰的功能性家具。村长在当地有一座"达恰"[1]（datcha），所以通往这些偏远地区的路修得还不错。当我们向村长解释我们想要做什么时，他一直平静地看着我们。彼时的我还不知道，在未来的岁月里，这个地区将为人类历史提供至关重要的信息。

我们的团队包括一位乌兹别克斯坦的女性遗传学家、一位俄罗斯的男性民族学家、一位法国的男性语言学家、一位男性文献学家和我本人——一位女性遗传人类学家。我刚刚说过，我对通过遗传学重现人类的历史及人类的多样性很感兴趣，尤其是人类在地球上"殖民"的过程。这个谜团让我着迷，同样让我着迷的，还有与标志着人类"征服"全球的移民运动相关的所有问题。

我们向村长解释，他主管的地区对追溯这段伟大历史中的一个关键事件来说特别重要：人类正是从西伯利亚南部出发，前往美洲。我们已将游说内容牢记于心，十分熟稔，因为同样的话已经说了多遍。自从3周前开始本次田野项目以来，科什-阿加奇（Kosh-Agatch）已经是我们到访的第10个村庄。我们一边留意着村长的反应，一边继续游说。

"是的，从目前人口的DNA出发，推断人类的历史是很有可能的。""不，这不是萨满教。"——我想起了前一天看到的挂

---

[1] 达恰（俄语：дача）是指具有俄罗斯建筑特色的乡间小屋，在俄罗斯相当普遍。——译注

在一所房子前面的饰有红色镶边的萨满鼓，在心底对自己如是说……应该指出的是，该地区是非常信奉灵性的。阿尔泰山脉的最高峰别卢哈山，对当地的居民来说就是一个迷恋和崇拜的对象。我看到一个网站上写着，这座山"有着强大的疗愈能力"，而且"能深入你的 DNA"。这恰恰说明，如今的遗传学真是"无孔不入"！

在我们的项目里，采集 DNA 样本的前提，就是采集对象必须同意参与我们的项目，他们需要允许我们通过血液或唾液样本来研究他们的遗传基因。我们必须明确告知对方这种"许可"意味着什么，每个人都必须了解这个项目的目的，并且选择参与。但这远远不是我们所需要的唯一许可。因此我们才拜访了村长。

通过 DNA 探索过去

我们说了一大堆，村长依然面无表情，我不知道他是对我们的项目根本无动于衷，还是不能理解我们刚刚所做的科学阐释……虽然村长继续打量着我们，我也有一点担忧，但我还是很有信心。在抽样田野调查中，我们已经学会了如何通过改变措辞让大家理解我们。实际上，最有可能让村民听懂的是考古学领域的措辞：就像人们挖掘一块土地来寻找过去的痕迹一样，我们通过挖掘 DNA 来追溯祖先的历史，追溯中亚和西伯利亚的不同人口之间的亲缘关系。

所以我们告诉村长，我们通过 DNA 来开展考古学研究（我们不知道他到底对遗传学了解多少，但他可能听说过 DNA）。我们可以从生活在当今的个体 DNA 出发，追溯过去。这是遗传学最迷人的一个方面。

在我去过的所有村庄里，从咸海边的中亚西部地区到贝加尔湖畔的西伯利亚东部地区，人们都对历史表现出了兴趣。人们渴望了解有关自身起源的所有信息，特别是想知道他们来自哪里。参与我们这项研究的有数千人，他们的另一个共同点是好奇心和自豪感：对于结识法国研究人员的好奇心（因为埃菲尔铁塔和齐达内，法国在国外普遍受欢迎；还有一段时间，时任总统希拉克拒绝了伊拉克战争，也为法国赢得了好感），以及能够参加国际研究的自豪感。我们多次听到这样的话："多亏了你们的研究，我们村庄的名字将会出现在世界地图上。"

村长的目光在我们身上扫了一圈，终于露出了一丝动容。让村长感到兴奋的是，他得知他的一些祖先曾经在几千年前到了美洲，他们正是现在的美洲人的祖先！村长对这条迁徙路线做了美好的想象。他也没有忘记提到，该地区的原住民与北美洲的原住民非常相似，不仅身体外貌上相似，文化上也相似，例如，在白令海峡的两岸，古老的传统民居都是使用树皮制成的圆锥形帐篷。我松了口气：这个人将成为我们的盟友，而不是项目推进中的阻碍因素。

此刻，我明白，我们赢了这一局，我们的团队可以在村庄里自由发挥。我们笑着热情地感谢村长，他的脸上也绽放出灿烂的笑容。这也是我为什么选择亲自在田野调查中实践我对研究的热情。我本来可以选择一个更抽象的研究领域，每天都在电脑前度过，可是我更喜欢新鲜的空气和这些难忘的邂逅，这让我忘记了任务中所有偶然的不愉快！

我们问村长，能否安排一处住所让我们使用几天。只需要几天的时间，我们就能够招募志愿者，采集他们的唾液。是的，在西伯利亚的这次任务中，我们选择从唾液中收集 DNA：与从血液中提取的 DNA 相比，唾液中的 DNA 质量较差，但从逻辑上讲，这是我们唯一可能的提取方式。作为回应，村长为我们提供了"旅馆"，一间专门用于接待官方访客的小公馆。在多次的田野调查经历中，我曾经在各种地方采样：在卫生所，在学校，在市政厅，甚至还有一次在清真寺。

我们在科什-阿加奇的"旅馆"招募了 50 多名志愿者，他们愿意为科学献出自己的一点唾液。然后，我们再次上路，来到了几千米外的一个新村子。虽然我们获得了官方的许可，不过这次，还是有一位有名望的当地女性帮我们更顺利地推进采样。我们在这个村子停留了 2 天，然后收拾行李，继续前往更远的地方。

在过去的 10 年里，我时不时地离开位于巴黎的办公室，前往遥远的田野，从西伯利亚到中亚，再到非洲。我踏足过绵延不绝的沙漠和草原，攀登过被烈日炙烤的山峦。几个世纪以前，是香料或贵重金属驱使着男男女女踏上了远征之路。而吸引我的"香料"，就是流淌在我们血管中的血液，它之于我，就像黄金或石油之于其他人一样珍贵。不过，所有这些经历，并不是我要在这本书中讲述的故事。因为我所渴求的宝藏，深藏在我们的细胞深处，包含了最不可思议的故事中的一个传奇片段。

人类的冒险

700万年前，非洲的大地上，生活着一个四足行走的物种。后来，这个物种"征服"了整个地球。

这就是关于人类的冒险故事。通过与我们最近的表亲黑猩猩做比较（这里我们先不讨论它们到底是不是"人"的一种），我们将看到，自从10多万年前离开非洲、开始冒险以来，我们如何"征服"了这颗星球。这部充满融合和迁徙的史诗似乎永远无法被解读，尽管它被写入了我们每一个人的DNA中。现在，我们有可能破解我们的遗传密码，并一步一步地追溯过去。

借助计算机的运算和遗传信息的放大技术，我们不仅能够让如今人类的DNA开口"说话"，还能够让我们遥远祖先的DNA开口"说话"，并且追溯不同个体的血统和他们携带的基因，等等。

在对这场冒险的追溯中，我们不仅将与尼安德特人（*Homo neanderthalensis*）和丹尼索瓦人（Denisovans）等已灭绝的物种一起旅行，也会和新月沃土上的第一批人类农民并肩同行。还有神秘的草原人，有人猜测他们是印欧语言的创造者；"国王的女儿"，许多现代魁北克人是他们的后代；以及来自非洲的奴隶，对非裔美国人的基因测试揭示了他们的原籍国。

在此过程中，我将试图回答各种令人眼花缭乱的问题：如今 80 亿的人类，怎么可能都是曾经生活在非洲的少数史前人类的后裔？为什么澳大利亚的原住民皮肤黝黑、头发卷曲，他们住在印度尼西亚的近邻则是单眼皮？为什么有些遗传病是加拿大魁北克省特有的？为什么西南欧巴斯克人的语言与其他欧洲语言毫无关联？为什么有些人能消化牛奶？作物多样性和遗传多样性之间有什么联系？

这段铭刻在我们基因中的悠久历史，激起了一股方兴未艾的潮流，因为每个人都可以通过提供一点唾液来追踪他们的基因谱系。我们将看到这些时而令人不安的结果如何被破译出来。

当然，回望过去并不意味着不可能展望未来：人类预期寿命的增长是否存在极限？如何量化环境的影响？而且，最重要的是，我们应该遵循什么样的道路，使人类史诗能够与地球和谐共处、顺利延续？让我们开启这段旅程吧！

目 录

第二部分
< 征服的精神 >

第三部分
< 人类征服自然 >

第五部分

＜近现代：人类大家庭＞

I

第一部分

最初的脚步

PREMIERS
PAS

莱比锡
（德国）

尼安德河谷
（德国）

圣阿舍利
（法国）

文迪亚洞穴
（克罗地亚）

阿塔普埃尔卡
（西班牙）

德马尼西
（格鲁吉亚）

黑 海

里 海

地中海

摩洛哥

米斯利亚洞穴
（以色列）

埃塞俄
比亚

喀麦隆

加蓬

金沙萨

刚果民主
共和国

乌干达

纳米
比亚

南非

俄　罗　斯

克麦罗沃

梅日杜列琴斯克

尔泰山脉

加里曼丹岛

新几内亚岛

弗洛勒斯岛

澳　大　利　亚

{ **700**万年前 }

LA SÉPARATION
D'AVEC LES CHIMPANZÉS

与黑猩猩分道扬镳

刚果民主共和国［简称刚果（金）］。在距离首都金沙萨25千米的热带雨林深处，几座石质建筑为我们的远方表亲提供了一座和平的避风港。萝拉雅倭猿保护区（Lola ya Bonobo）是世界上唯一一片照顾倭猿孤儿——"丛林肉"[1] 贩运和非法贸易的受害者——的保护区。这些灵长类动物半自由地生活在营地周围种植着扶壁树的广阔自然区域内。年幼的倭猿无法自己觅食，全部由刚果（金）的保育员人工喂养。

这些倭猿宝宝吃饱之后在保育员的怀抱里嘻嘻哈哈，互相打闹，这场景简直就和在幼儿园里看到的一样。倭猿宝宝的行

---

[1] 指生活在丛林中的野生动物的肉，如大猩猩、黑猩猩、倭猿、山猪等。——编注

为与人类幼儿的行为极其相似，甚至到了令人不安的程度。但是，我们的共同祖先是什么时候和倭猿在一起生活的呢？DNA能否揭示出人类谱系和类人猿谱系分道扬镳的具体时间？换句话说，遗传学是否有助于我们了解人类的冒险是何时开始的？

当我们观察类人猿时，显而易见的一点是：我们与它们密切相关。然而，直到查尔斯·达尔文（Charles Darwin）和他的进化论横空出世后，我们才开始相信这一点。事实上，人类属于灵长类动物，更确切地说，是属于旧大陆 [1] 猴子的分支（在古生物学家的行话中被称为"人科"）：我们最亲密的表亲是黑猩猩和倭猿，再远一点的是大猩猩，然后是红毛猩猩。我们并不是类人猿的后裔，而是它们的表亲。我们最亲密的表亲是由黑猩猩和倭猿组成的群体；这种关系反过来也成立，也就是说，黑猩猩－倭猿群体的近亲是人类：黑猩猩与人类的关系比它们与大猩猩的关系更密切。

对这些"亲属"关系的精确了解来自遗传学研究。自2000年以来，这门科学取得了长足的进步：我们对人类这一物种做了测序（即读取 DNA），然后又对黑猩猩、倭猿、大猩猩和红毛猩猩进行测序，这使得比较这些物种并确定它们的谱系成为可能。而这一切都要归功于 4 个不起眼的字母（即构成 DNA 链

[1] 旧大陆是指在克里斯托弗·哥伦布（Cristoforo Colombo）发现新大陆（包括北美洲、南美洲和大洋洲）之前，欧洲所认识的世界，包括欧洲、亚洲和非洲（统称为亚欧非大陆或世界岛）。这个词语用来与新大陆相对应。——译注

的 4 种分子的首字母）：A（腺嘌呤）、C（胞嘧啶）、T（胸腺嘧啶）和 G（鸟嘌呤）。这 4 个字母构成了地球上所有生物基因组的字母表。所有生物都具有相同的分子机制、相同的 4 个字母，无论是水仙花、藻类，还是鸟类。为何会存在这种普遍性呢？因为地球上的所有生命都是大约 35 亿年前出现的一种分子的后代。我们继承了相同的遗传机制，使我们能够读取 DNA 中包含的信息。

遗传密码是通用的，但字母的排列顺序则构成了一个物种基因组的特征。例如，人类的 DNA 包含 30 亿个核苷酸（这是对分子 A、C、T 和 G 的统称），相当于 75 万页的文本或 750 卷的"七星文库"[1]！直到 2001 年，生物学家才读懂构成这部"长篇小说"的一连串字母。

98.8% 相似的表亲

通过对人类和类人猿的基因测序，研究人员已经能够定量地评估两者的关系有多么密切。这种比较至关重要：在生物世界的巨大谱系中，两个物种越接近，它们的基因序列就越相似。

---

[1] 法语为 Bibliothèque de la Pléiade。Pléiade 是天文学中的昴宿星团。16 世纪，一群法国诗人结成"七星诗社"（La Pléiade），力图按照希腊语和拉丁语典范把法语和法国文学从中世纪的遗风中解放出来。1931 年，法国编辑、译者雅克·西弗林（Jacques Schiffrin）创建了"七星文库"，为公众提供经典作家的作品全集的口袋版。该系列图书依然在出版中。——译注

那么科学家得到了什么样的结论呢？结论就是，我们的DNA与黑猩猩的DNA有着98.8%的相似性。换句话说，人类和黑猩猩之间的差异，仅仅是由1.2%的基因差异造成的！

这个数字可以算多，也可以算少。由于人类的DNA包含30亿个核苷酸，这1.2%相当于3500万个差异，并且所有这些差异都是随着时间随机发生的。区分两个物种基因差异的故事总是从一个核苷酸的突变开始，即一个字母A变成T，或形成任何其他的组合。然后，这种突变会经过自然选择的过滤。如果突变对细胞结构的损害太大，携带者个体就会死亡或无法繁殖后代；而反过来，如果一个突变能够赋予个体优势，它将更有可能传递给后代，通过几代繁衍，出现的频率会越来越高。请注意，大多数的基因突变既无益也无害，它们是中性的，这是因为我们的DNA中只有一小部分会被翻译成蛋白质。随着几代繁衍，这些突变会随机且缓慢地被保留下来，或者彻底消失。

除了1.2%的基因差异，当比较人类和黑猩猩的DNA序列时，还有一些值得注意的地方：基因组的某些部分存在于一个物种中，而不存在于另一个物种中。生物学家用插入（insertion）和删除（deletion）来描述增加或者失去一段DNA碎片。沿着DNA链考察，这种类型的差异没有突变出现得那么频繁，但是，由于它们涉及更长的核苷酸序列（双螺旋结构的基本构成分子），导致在基因组中所占的比例更大。因此，50万次的插入和删除表达了我们与黑猩猩之间的差异性，总共包括9000万个核苷酸。

科学家不仅比较了某个人类和某个黑猩猩的 DNA，还比较了两只同种类人猿的基因组，得出了一个令人惊讶的结果，这个结果与物种的地理分布有关。让我们拿出一张世界地图，在上面画出类人猿的种群，便可一目了然我们这一物种和表亲物种之间的一个主要区别。虽然我们这一物种遍布世界各地，但我们最近的表亲黑猩猩、倭猿和大猩猩却只生活在非洲中部的局部地区。我们稍远的表亲红毛猩猩，只生活在东南亚的热带地区。

　　我们这一物种尽管无处不在，但所具有的遗传多样性水平最低：所有人类都具有 99.9% 的相同之处。我们如果将地球上任意两个人的 DNA 逐个字母进行比较，会发现两个人之间平均有千分之一的字母是不同的。与其他的类人猿相比，这个数值很低。生活在非洲中部的两只黑猩猩的基因差异大约是两个人类基因差异的 2 倍。对加里曼丹岛的红毛猩猩来说，它们的遗传多样性是人类的 3 倍。

　　这种遗传上的一致性反映了我们种群的发展历史。在演化史的大部分时间里，与其他灵长类动物相比，我们这一物种的数量确实很少。遗传证据表明，从 100 万年前至 10 万年前，黑猩猩和倭猿的数量明显多于人类。想想看，如今，80 亿人口占据了地球上所有的生态系统，这种对比难道不令人感到惊讶吗？

大分化

所以，我们和黑猩猩（以及被视为"另一种黑猩猩"的倭猿）之间的基因差异之小，仅在毫厘之间。这只有一种解释：就在不久的过去，黑猩猩和我们还是同一种生物。但我们和黑猩猩是什么时候分道扬镳的呢？人类的谱系是什么时候和黑猩猩的谱系分开的呢？在演完了一整场名副其实的"科学肥皂剧"之后，遗传学回答了这个问题。为了理解第一个"剧情转折点"，我们必须得看看生物学家使用的年代测定技术，即神奇的分子钟。它的原理很简单：从一个共同的祖先开始产生两个谱系，随着时间的推移，每个谱系的基因组会通过积累突变而变得更加独特。通过估计单位时间内产生突变的概率，并假设它是有规律的，我们就能够追溯两个物种的分化点。

在此过程中，生物学家首先估计，人类和红毛猩猩至少在 1 500 万年前至 1 300 万年前就已经分化，人类和黑猩猩在大约 600 万年前到 500 万年前分化。然而，古人类学家立即声称这不可能，因为这个时间与他们的数据矛盾！千禧人（*Orrorin tugenensis*）是最古老的人族祖先之一，由布里吉特·塞尼特（Brigitte Senut）和马丁·皮克福德（Martin Pickford）发现，其历史可追溯至近 600 万年前；米歇尔·布吕内（Michel Brunet）发现的乍得撒海尔人"图迈"（*Sahelanthropus tchadensis*，Toumai）是"最古老人类"的另一位候选者（尽管这种归类方式存在争议），它的历史可追溯至约 700 万年前。

事实上，高通量测序（NGS）让科学家重新定义了分子钟的速度。通过比较孩子及其双亲的 DNA，可以直接计算出每一代出现的新突变的数量。每个个体都携带大约 70 个新的突变（20~40 个突变出现在来自母体的 DNA 上，20~40 个突变出现在来自父体的 DNA 上），但是突变数量的变动很大，有时会达到 100 多个。突变数量取决于孩子出生时父亲的年龄。父亲年龄越大，突变的数量就越多，而母亲的年龄几乎对此没有影响。

因此，年长父亲的孩子比年轻父亲的孩子携带更多的新突变。这可能是孩子患先天孤独症的一种解释吗？鉴于孩子患孤独症的风险随着出生时父亲年龄的增加而增加，研究人员很快就试图建立这种联系：孩子的孤独症是因为父亲年龄增长、传递了更多的新突变导致的。这种想法实际上忽略了一个非常重要的因素，即在基因组中，会产生实际影响的突变数量很少。只有不到 5% 的基因组和人体的功能相关。因此，这些突变产生影响的概率非常低。最终，这种假设并没有被认可为导致孤独症的因素之一。

于是，科学家根据平均突变数，计算出了一个新的分子钟。新分子钟的速度比之前的慢了 50%！根据新的分子钟，积累给定数量的基因差异所需的时间是旧分子钟的 2 倍。换句话说，所有的时间都必须乘以 2。因此，人类与黑猩猩的分化时间应该追溯到 1 000 万年以前，而人类和红毛猩猩的分化应该追溯到 2 000 万年以前。但是，根据化石数据，这个时间太过久远了。真要命！有没有什么办法让遗传学和古人类学达成共识呢？

答案是肯定的。科学家不得不寻求共识。首先，他们得弄清楚，化石数据给出的时间和基因数据给出的时间之间是否真的具有可比性。毕竟，基因数据是用来衡量不同物种之间完全不再共同繁殖后代的时间。与之相反，古人类学数据寻找的是最古老的化石，只要该化石生前是双足行走的，就能够被认为属于人类。两个物种的分化，即一个新物种的产生，不一定是瞬间完成的。在两个物种正式分化之前，彼此的杂交繁衍可能会持续很长时间。然而，化石记录并不包含任何关于这些潜在杂交的信息。比如，我们没有办法知道千禧人所属物种中的某些个体是否能够与大猩猩的祖先杂交繁衍。如果是这样的话，由化石记录定义的物种分化时间必然比由基因数据计算得出的物种分化时间要早。

事实上，直到今天，对于计算物种分化时间至关重要的突变率仍然极其不精确。通过几个不同的科推算出的突变率差距很大，甚至能够翻倍！目前科学家正在分别研究几种假设，以调和这些数据：假设 1，直接从"科"一级出发所做的计算无法很好地检测到所有的突变，它们的数值会被低估，从而产生一个过慢的分子钟；假设 2，分子钟不是恒定的，而是会在某些谱系（特别是人类）中加速，它会受到生殖年龄的影响，而生殖年龄在灵长类动物的演化中是不同的；假设 3，突变率会根据基因组的不同部分而变化，只对基因组的某些部分来说是恒定的。

生物学家已经验证了最后一种假设。根据 DNA 内的可变突变率，生物学家以更高的精度重新计算了人类与黑猩猩之间的物种分化时间，得出的结论是：分化发生在 800 万年前到 700 万年前。这个时间与化石数据给出的结论更吻合。

不太远的表亲

我们与黑猩猩和矮猿分道扬镳，也不过是大约 700 万年前的事。人类利用这段时间成为智人（Homo sapiens，即"智慧"的人，也是现代人的学名），不过对类人猿的研究让我们意识到物种间的"鸿沟"正变得越来越窄。黑猩猩能够像我们一样使用工具，结群保卫自己的领地、攻击入侵者，并显示出有为政治目的而制定联盟战略的能力。猿类拥有某些传统，甚至具有文化，能够组织起来，合作完成集体任务，比如狩猎或者保卫自己的领地、相互交流等。

所有这些发现打破了几个世纪以来哲学家一直在努力定义的著名的"人类特征"。不过，尽管如此，人类依然具有一些独有的特征，比如完全的双足行走、一个大容量的大脑和复杂的语言系统。当我们的谱系与黑猩猩的谱系发生分化时，为什么我们的谱系能够积累下这些特征呢？有没有可能通过遗传学来了解这一演化史呢？

就大脑而言，目前有两个主要的假说来解释为什么人类被赋予了一个超大容量的大脑，分别是生态学智力假说和社会脑假说。根据生态学智力假说，演化出更大容量大脑的驱动力是需要在不可预测的环境中寻找分散在四处的食物。确实，在灵长类动物和一般的哺乳动物中，必须寻找成熟果实的食果动物的大脑结构与只吃树叶的动物的大脑结构不同。像人类这样，既吃蔬果也吃肉的物种，就需要一个更加不同的大脑。

第二个假说，也就是所谓社会脑假说，将人类大脑的变化，包括体积的增加，与个体生活在更大的群体中、社会关系更加丰富这些事实联系起来。这种社会复杂性会产生一种选择压力，促使大脑建立更多的神经连接，其中一部分连接是在小脑中，而小脑的体积在整个人类演化过程中都在增加。这两个假说当然不是相互排斥的。为了吃肉，人们必须学会打猎或者尝试食腐。在一个集体中实践这些行为当然是具有一定优势的。

也有人提出，人类大脑体积的增加与火的使用有关：熟肉释放的能量比生肉释放的多。大脑是一个超强的能量消耗者，它的增大可能与人类掌握了使用火有关。可是这一假说没有办法很好地解释如下的事实：人类在大约 40 万年前才学会用火，可是人类大脑的体积从 170 万年前就开始明显增加了。

于是又有人提出，或许人类在很早以前就学会了用火，只不过没有可被辨认的痕迹留存下来。史前史学者对这一假说持怀疑态度。因为恰恰相反，烹饪或者说食物的加工，是一种有据可查的古老实践。人类使用的第一批成形的工具，应该就是研磨用的，以便从肉或块茎中获取更多的热量。事实证明，与食用不加工食物的饮食习惯相比，人类食用加工食物的饮食习惯使得每克摄入的热量要高得多。

双足行走

无论驱动力是什么，不可否认的是，人类的大脑随着人类谱系的发展而逐渐增大（自南方古猿[1]以来，大脑体积增加了3倍）。这一增长对人类的演化产生了根本性影响。事实上，自从300多万年前，南方古猿获得了习惯性的双足行走能力以来，人类的骨盆构型也发生了变化。此前，人类骨盆的构型在某种程度上阻碍了双足行走。然而，人类大脑体积在增加的同时，分娩变得越来越困难。这就是所谓"分娩困境"（又称"妇产科悖论"）。与类人猿相比，人类的分娩更困难，也更危险。比如，在无法得到现代医学帮助的地区，分娩死亡是妇女的第三大死亡原因。因此，在所有人类社会中，分娩都需要他人的帮助。正如我的一位同人明智地总结道：世界上最古老的职业是助产士！

然而，演化提供了一个解决方案，使妇女更容易分娩：与其他灵长类动物相比，人类婴儿出生时并没有完全长成。人类新生儿大脑的大小只有成人大脑的23%，而对新生的黑猩猩来说，这个数字高达40%。这种成长在出生后还在继续：从生物学的角度说，人类一直到15岁左右，才算"长大成人"！

---

[1] 南方古猿（*Australopithecus*）是人科动物中一个已灭绝的属，是猿类和人类的中间体型。南方古猿这个属中最著名的是阿法南方古猿（*Australopithecus afarensis*）与非洲南方古猿（*Australopithecus africanus*）。南方古猿最早出现在390万年前，身高大多不超过1.2米。——译注

这个漫长的幼年阶段是人类与其他大型灵长类动物的又一个主要区别。这让孩子们能够与群体互动，在复杂的社会关系中实现自我成长。此外，从出生开始，婴儿就能认出别人的面孔：我们是一种"社会动物"。婴儿的生存往往依赖于他人，人类婴儿的一个独特之处还在于，不一定非要依赖母亲。例如，在极端的情况下，一个人类幼儿的母亲死了，人类幼儿的存活概率肯定会降低；同样，对一只黑猩猩孤儿来说，情况也不会太妙。然而，在人类群体中，幼儿将由部落或社会的其他成员照顾；但在黑猩猩群体中，被收养的情况很罕见。

婴幼儿的这种不成熟性也对人类群体中的年龄金字塔产生了影响。在黑猩猩群体中，每只雌性黑猩猩往往只有一个孩子，它们极少生育两个 5 岁以下的后代（5 岁以后，小黑猩猩便可以独立觅食）。在大多数情况下，雌性黑猩猩只有在后代能够独立生存后才会开始下一次繁殖，即 4~5 年繁殖一次。相反，在人类家庭中，母亲往往育有更多不同年龄的孩子。这是因为，人类的孩子至少需要 15 年才能够自立。

敏锐的观察者会很快注意到黑猩猩群体中的另一个显著特征：在育龄期过后，几乎没有任何年长的雌性黑猩猩能存活下来。除了一些鲸类动物，人类似乎是唯一一种雌性在育龄期过后还能存活的物种，或者说，人类女性存在绝经期。一张黑猩猩家庭的全家福会迥异于人类家庭的全家福：在黑猩猩的家庭合照中，我们可以看到所有的育龄雌性，每个母亲只带着一个孩子；而在人类的家庭合影中，最中间的是没有子女要抚养的老年女性，而周围则是年轻的母亲，她们的孩子也往往年龄各异。

最后，让我们来看看存在什么样的理论，能够同时解释人类在生物学上的这两种特殊表征。一方面，人类养育一个孩子至少需要 15 年；另一方面，母亲的生存影响着孩子的生存。因此，从演化的角度来看，母亲至少要生存到她最小的孩子达到 15 岁，才是对物种最有利的。其他研究还表明，祖母或外祖母在世的孩子会生存得更好，因为她们会帮助抚养孙辈。

因此，超过生育年龄的女性会参与照顾孩子；她们积累的知识将有助于群体的生存。这种好处可以补偿她们给群体带来的资源负担——假设她们不能继续自己获取食物。事实上，这种社会支持在人类的谱系中已经存在了很长时间。例如，180 万年前，在格鲁吉亚的德马尼西（Dmanissi，我们将在下文详细展开），我们发现了史前人类中最古老的利他主义痕迹。一位老年人的下颌骨上没有了牙齿，意味着他无法再养活自己，但是他活了下来。显然，他得到了族人的照顾。

在我们的基因深处

简而言之，人类和类人猿之间的一些标志性生物学差异与我们的生命周期有关：我们几岁成年？我们在什么年龄段生育，以什么频率生育？我们什么时候死亡？在我们的基因中，能找到与这些特异性相关的痕迹吗？通过比较人类和黑猩猩的 1.4 万个基因，我们发现有 500 个基因存在差异。这些基因涉及免疫防御、生殖（精子发生）、感官知觉（嗅觉、听觉）或形态学的各个方面。

一项早期的研究表明，嗅觉和听觉在人类谱系中迅速演化；而在黑猩猩的基因中，与形态学相关的基因也发生了类似的加速演化。按照这种观点，黑猩猩与我们的共同祖先在外观上的差异会比与我们的差异更大。但是，后续的研究并没有证实这种推论。研究表明，嗅觉和听觉的演化可能是人类–黑猩猩的共同谱系所特有的，而不是仅仅属于人类谱系。然而，人类谱系确实发展出了某些特定的基因，这些基因在听觉方面发挥着作用，也在调节发育方面发挥着作用。

这些存在差异的基因中，没有一个对大脑体积的增加或生命周期起到了关键性作用。事实上，我们很难知道某个基因差异是否会导致功能上的差异，以及具体是哪一种差异。"一个基因 / 一种功能"的范式已经过时了。一个基因有可能涉及多种功能，多个基因也可能同时与一种功能有关，这些基因相互作用，以级联或者网络等方式运作。此外，并不是所有基因的作用都是已知的。虽然我们对大多数基因所参与的生物机制有所了解，但是除了特定情况，我们仍然很难将一个核苷酸的变化与某种或者某些功能的具体变化联系起来。

近几十年来，确实有一个与发育相关的基因引起了生物学家的特别关注，这就是著名的叉头框 P2 基因（*FOXP2*）。该基因的突变首次在一个人类家庭中被发现，这个家族的部分成员患有构音障碍[1]。我们已经确定了该基因与发音之间的关系，它的有害突变会系统性地导致语言方面的困难。叉头框 P2 基因被认为参与了精细与快速运动的功能。确实，语言便是一项需要精确发声和快速连音的活动。然而，叉头框 P2 基因并不是语言基因：被基因改造成携带与人类相同的叉头框 P2 基因的转基因小鼠并不会开口说话！这个基因只是构成语音引擎的众多基因之一。

这些发现当然令人着迷，但我们还远远不能用这几个基因差异来解释人类独有的特性。想仅用几个基因就能解释两个物种之间的差异，这种想法是一种幻觉，就好像人类的特征是由于基因组中某种"魔法棒"的作用，由于几个突变而突然出现的一样。我们对人类演化的了解实际上是循序渐进的，有点像由各种新特征拼贴而成的马赛克。

我们都知道，在人类谱系的演化过程中，有几个物种、亚种和属同时生活在非洲的大地上。因此，在 400 万年前到 200 万年前，著名的露西（Lucy，阿法南方古猿[2]）和另一个更强壮的属——傍人[3]是同时存在的。傍人在形态上和露西非常不同，

---

[1] 构音障碍指正常清晰发音能力的缺失。患者的语音可能不平稳、断断续续、呼吸急促、不规则、不精确或单调，但是患者能够理解语言并正确使用语言。——译注
[2] 阿法南方古猿大约生存于 390 万年前至 290 万年前。阿法南方古猿与较年轻的非洲南方古猿一样，身形比较修长。研究发现，阿法南方古猿是南方古猿属及人属的祖先。——译注
[3] 傍人（Paranthropus）是人族下的傍人属，是双足行走的史前人科成员，可能是由南方古猿演化而来。傍人曾经被分类为南猿属中的粗壮型南猿。——译注

而最初的人属就和它们一起生活在大陆上。这些物种都具有我们在更近的时期中发现或不曾发现的某些特征。我们仍然很难知道连续的物种之间的确切关系，一些分支似乎已经消失了。演化不是线性的，而是荆棘状多向前进的。

这一章讲述了我们最亲近的表亲的遗传学内容，作为总结，我想说明的是：人类和黑猩猩之间的主要区别在于一些功能，这些功能肯定涉及由许多基因通过调节机制而相互作用形成的网络。这就是研究人员越来越多地研究如何修改基因表达的原因。今天，我们可以在细胞中测定哪些基因被表达，也就是哪些基因被读取，然后被翻译成蛋白质。

虽然个体的所有细胞中都含有相同的 DNA，但不同器官的细胞是不同的，也就是说，所表达的基因是不同的。眼细胞有眼细胞的作用，肝细胞有肝细胞的作用。基于这一观察，研究人员想知道黑猩猩和人类之间的差异是否可能与基因的表达有关，而不是与基因本身有关。为了回答这个问题，可以比较基因表达谱[1]，也就是说，看看哪些基因在哪个细胞中及在发育的哪个时间段被表达，其表达量如何。到目前为止，结果是相当令人失望的：基因表达谱的最大变化出现在肝脏和睾丸之中，但在大脑中却没有。此外，目前我们还没有发现两个物种之间

---

[1] 基因表达谱是一种在分子生物学领域，借助 cDNA、表达序列标签（EST）或寡核苷酸芯片来测定细胞基因表达情况（包括特定基因是否表达、表达丰度、不同组织、不同发育阶段及不同生理状态下的表达差异）的方法。——译注

与精神疾病有关的基因表达的特异性；如果存在特异性，很有可能能够解释两个物种之间的认知差距。

通过比较人类和黑猩猩的基因组得出的主要结论之一是，两个物种中很少有基因是适应性的结果。人类与黑猩猩的大多数基因差异都是中性的，也就是说，它们是随机积累的突变的结果，而这些突变已经扩散到整个物种的每个个体。那么，人类的出现仅仅是一个巧合吗？就个人而言，我觉得，这种观点倒是能让我们更有"自知之明"。

{ *220* 万年前至 *180* 万年前 }

LA PREMIÈRE SORTIE
D'AFRIQUE

1991 年，在格鲁吉亚的高加索山脉，古人类学家有了一个重大发现。他们在德马尼西发现了一些人类化石，其年代可以追溯到大约 180 万年前。德马尼西是一个小山村，被植被茂密的山丘环绕着，村中心是一座中世纪的堡垒。这次发掘使关于人类走出非洲的大致日期的辩论一锤定音。在这个发现之前，关于人类最早走出非洲的日期的证据是在中国发现的、可追溯到 220 万年前的简陋的人造工具，但没有发现同时期的人类遗骸。[1]

---

[1] 目前非洲起源说与多地起源说都同意人类的祖先能追溯到非洲大陆，区别在于追溯的时间点不同。非洲起源说认为当今全球人类的关系比较近，5 万~10 万年前是一家；而多地起源说认为当今全球人类的关系比较远，可能 200 万年前才是一家。对于这两种理论，目前学界尚未达成一致。作者在下一章中讨论了这两种说法。——编注

因此，走出非洲的人类谱系现在有了无可争议的地理和时间上的里程碑：180万年前的德马尼西。关于第一个离开非洲大陆的人属的身份，存在着两种假设：可能是一个古老的直立人［Homo erectus，也被称为匠人（Homo ergaster）］，也可能是一个能人［Homo habilis，这个名字源自"能干的人"（Homme habile），它是最古老的人属］。通过观察在德马尼西发现的不同个体的骨骼，研究人员发现一个最显著的事实是它们显示出了形态上的巨大多样性，这种差异就像同时代的各种能人和第一代直立人之间的差异一样明显。古生物学家的结论并不是认为有不同的物种相继生活在同一片区域内，而是当时生活在那里的人属［后来被命名为格鲁吉亚人（Homo georgicus）］都来自同一个物种，但他们在外观上表现出强烈的差异性。

但是，这真是人类第一次走出非洲留下的痕迹吗？就像我在前文提到的，至少在中国还存在着一个更古老的、有220万年历史的手制工具。但至于说这是谁留下来的工具……特别要提到的是，并不是只有人类才会使用工具，黑猩猩也会使用工具（虽然它们对工具的打磨处理更加粗糙，但那也算是工具）。此外，尽管在很长的一段时间里，人们通过对工具的制造来断定初代人类的出现，但最近在肯尼亚的发掘工作却对这一假设提出了质疑：在那里发现的工具尽管很简陋，却可以追溯到330万年前，比大约280万年前初代人属的出现时间早了50万年，而在这一时期，地球上只生活着南方古猿和傍人。因此，将人属和工具联系在一起的设想落空了，试图将在中国发现的工具归于某个物种的假设无法自圆其说。

遗传学或许会是厘清这些古代物种之间关系的绝妙工具，但不幸的是，这是不可能的：这些人类遗骸太古老了，不可能含有 DNA。在生物化石化的过程中，有机物逐渐消失，DNA 被降解并被分解成小碎片。目前，我们能够分析的最古老的人类 DNA 可以追溯到大约 40 万年前，这已经是一个相当大的成就了，但距离 200 万年的历史还相当遥远……

动机之辩

为什么人类谱系会在大约 200 万年前第一次离开非洲故土？是不是当时的人属头脑中出现了某种想法，促使他们尝试前往非洲之外的地方冒险？从古生物学的角度来看，这一时期是令人着迷的，因为正是在这一时期，第一批对称性工具出现了：阿舍利文化的双面石器（因法国亚眠市郊的圣阿舍利区而得名，1872 年被首次认定）。不过，就算对称性本身并不能增加工具的工作效率，它显然也清楚地表明了一种象征性的思维，意味着人类大脑演化的新阶段。因此，有一种观点长期以来牢牢扎根于专家的脑海之中：走出非洲是人属的杰作，他们的智慧比先祖更高，因为他们有能力制造工具，而且不仅仅是为了实用，也有抽象的、审美的原因。直到德马尼西遗址打破了这种幻觉：这里确实没有发现任何对称性工具！

曾经还有另外一个假说，用来解释人属走出非洲的大冒险：

人属的先驱们应该拥有一个容量更大的大脑。一些研究人员推测，更大的大脑可能会使人类的抽象能力提高10倍，并赋予他们新的心理素质和身体能力，如对未知事物的好奇心或适应并不适合生存的环境的能力。但是，德马尼西遗址的发掘再次打破了这一理论：格鲁吉亚人的脑容量，并没有比他们同时代的非洲同伴的更大。实际上，如果我们考虑个体的"头身比"，格鲁吉亚人的大脑相对来说比留在非洲的古人属的还要更小。

上述假说黯然退场，还剩下生态学智力假说似乎"可以一战"：环境的变化，比如明显的干旱，可能会以某种方式将这些人属"赶出"非洲。然而，问题是，最近的古生态学研究表明，在这些人属走出非洲的同期，自然环境并没有发生什么重大的变化。相反，在他们走出非洲的之前和之后，即300万年前和170万年前至130万年前，自然环境倒是发生了巨大的变化。

当格鲁吉亚人抵达德马尼西并在此安家之时，大约是180万年前，高加索山区气候炎热又潮湿；在大约170万年前，此地又变成了更加"地中海"的气候。无论自然环境如何，更潮湿或更干燥，对非洲第一批人属的饮食研究表明，他们都知道如何适应各种环境。他们在树木覆盖疏密程度不同的稀树草原上找到了安家之所，以适应气温的高低变化。

因此，对于古人类最初为什么走出非洲，似乎没有任何确定的解释。所以，这个问题依然有待解答：格鲁吉亚人是"偶然地"走出非洲的吗，还是因为好奇？至今没有人知道。又过了几十万年，轮到我们这个物种开启新一轮非凡的地球探险了。

{ *30万年前至20万年前* }

LA (PREMIÈRE) NAISSANCE DE L'HOMME MODERNE

2017 年，一堆人类遗骸，特别是一个头骨，成了头条新闻。法国《世界报》报道的标题是《颠覆人类历史的大发现》。发现这些人类遗骸的德国-法国-摩洛哥发掘团队的负责人、莱比锡马克斯·普朗克演化人类学研究所的让-雅克·于布兰（Jean-Jacques Hublin）接受了各家媒体的采访。那么，这些骨头到底有什么特别之处，能够引发如此大的一场媒体风暴呢？这些人类遗骸属于最古老的现代人。这些人类化石出土于摩洛哥的杰贝尔伊罗（Jebel Irhoud），其历史可以追溯到 30 万年前。在此之前，已知的最古老现代人也不过只有 20 万年的历史。正如法国《解放报》在标题中开玩笑地写道：《人类，看牙口老了10 万岁》！

在接受采访时，让-雅克·于布兰很谨慎，并没有说他发现的化石就属于第一个"真正的"现代人。他的谨慎是有充分理由的。因为，判断一具遗骸是否属于现代人，取决于化石的分类方式。要么，我们把具有现代人类所有特征——长有下巴、圆形的头骨等——的人类遗骸定义为现代人；要么，只要其遗骸具备某几种特征，就可以被称为现代人。比如在杰贝尔伊罗发现的头骨具有"现代人型"的面庞，但是头骨的形状更加原始。

根据采用的定义的不同，我们可以说在摩洛哥发现的这个30万年前的头骨属于"最古老的现代人"，也可以说在埃塞俄比亚的奥莫·基比什（Omo Kibish）发现的距今19.5万年的人类遗骸才属于"最古老的现代人"。实际上，寻找一个"人类起点"是没有意义的，因为我们这一物种的演化是循序渐进的。然而，有一点是肯定的：无论依照哪一种定义，第一批现代人确实都是非洲人，最重要的是，"人类摇篮"并不仅仅存在于非洲的某一处。目前我们在非洲发现了多处现代人（或者说是早期现代人）遗址，涉及北非、东非、南非地区 [1] 等。

人类起源于非洲这一事实似乎是显而易见的，但它一直到最近几年才被科学界一致认可。20世纪90年代，当人们开始通过遗传学研究人类起源的时候，单一起源说和多地起源说之间的争论依然非常激烈。支持单一起源说的人认为，人类只起源于非洲；而支持多地起源说的人则认为，人类同时独立起源

---

[1] 本书中的"南非""中非"指国家"南非共和国"与"中非共和国"，指区域时使用"南非地区""中非地区"。——编注

于非洲、欧洲和亚洲大陆，这些早期人类同时成为当今人类的祖先。好笑的是，在欧洲，根据单一起源说，欧洲人被认为是尼安德特人的后裔；而根据多地起源说，欧洲人被认为是现代人的表亲——尼安德特人——的后裔。

线粒体夏娃

　　遗传学研究是否能够在单一起源和多地起源两种假说之间做出最终判断？1991年，还没有如今所说的"基因大数据"；而在今天，研究能够做到同时分析每个个体的数百万个基因组片段。当时，只有一部分的DNA被分析，但这是一个非常特殊的部分：线粒体DNA。这种DNA包含在线粒体（参与能量生产的小型细胞器）之中，占据了我们基因构成中的很小一部分（大部分存在于细胞核之中）。然而，线粒体DNA非常有趣，因为它存在着丰富的个体差异。正是在这些差异的基础上，我们才能够追溯亲属关系，从而重建历史。线粒体DNA的另一个特殊之处是，它只在母系之内代际传递。个体从母亲那里继承了线粒体DNA，而母亲又从她的母亲那里继承了线粒体DNA，以此类推。

　　通过比较世界各地的个体的线粒体DNA，已经可以确定所有现代人的共同线粒体祖先的存在时期，从而追溯到所有人共有的母系祖先——一种"线粒体夏娃"。与追溯人类与黑猩猩的具体分化时期一样，我们依然使用了分子钟的原理。这次让我们来详细地说一说。

如前所述，这种技术相当于计算区别两个个体的核苷酸的数量。让我们设想两个个体 A 和 B，突变率为千分之一（这意味着每 1000 年发生一次基因突变）。如果 A 和 B 的共同祖先可以追溯到 1000 年前，那么平均而言，A 发生了一次突变，B 也发生了一次突变。但要注意，A 和 B 发生的并不是同一种突变，正是不同的突变让两者产生了区别。而如果 A 和 B 的共同祖先可以追溯到 1 万年前，我们就会发现 A 和 B 的 DNA 存在着 20 个不同之处。基于典型的突变率，生物学家能够估算出"线粒体夏娃"的年龄。

请注意，这里提到的"夏娃"，可能会造成误解。这并不意味着我们只是携带这种线粒体 DNA 的那位女性的后代。线粒体 DNA 讲述了个体的母系历史，但这只是其家族谱系中的一小部分。我们有 4 位祖父母，但只有一位线粒体外祖母；我们有 8 位曾祖父母，16 位高祖父母，但每一代只有一位线粒体女性祖先。我们是众多女性的后裔，但其中只有一个人留下了她的线粒体 DNA，一直传承到今天我们的身体里。我们的其他母系祖先或者没有女儿，或者没有外孙女，或者没有曾外孙女。因此，她们的线粒体 DNA 在代际相传的过程中丢失了（不过，就像我们所有的祖先一样，她们可能让我们继承了部分核 DNA，即存在于细胞核中的 DNA）。

通过精确的基因语言，线粒体 DNA 的计算结果告诉了我们什么呢？结论是："线粒体夏娃"大概生活在 20 万年前到 15

万年前之间。于是，关于"现代人是比较晚才走出非洲"还是"现代人是很早以前分别出现在非洲、亚洲和欧洲"的争论终于可以落下帷幕。因为 20 万年前到 15 万年前这个范围符合单一起源说的假设。如果多地起源假说是真的，即 200 万年以前，现代人开始在三块大陆上同时独立地演化，那么最近的线粒体共同祖先将至少有 200 万年的历史，而不是 15 万~20 万年。

最早的现代人分别被发现于东非、南非地区和摩洛哥。似乎在非洲并没有一个特别的地方可以被看作现代人的共同起源地。遗传演化理论表明，快速演化的一种方式是将物种细分为几个亚种群，这些亚种群通过移居网络保持联系。在每个亚种群中，总会偶然地出现新的突变，这些突变在偶然的或被自然选择的情况下，扩散到所在的亚种群之中。当亚种群移居、交互、结合的时候，这些新的突变会混合在一起，最终形成更有效的新组合。

人类早在 7 万年前的欧洲大陆，也发生过这样一次硕果累累的"亚种群交互"。但在说这个之前，我们先要看一场发生在欧洲之外的冒险……

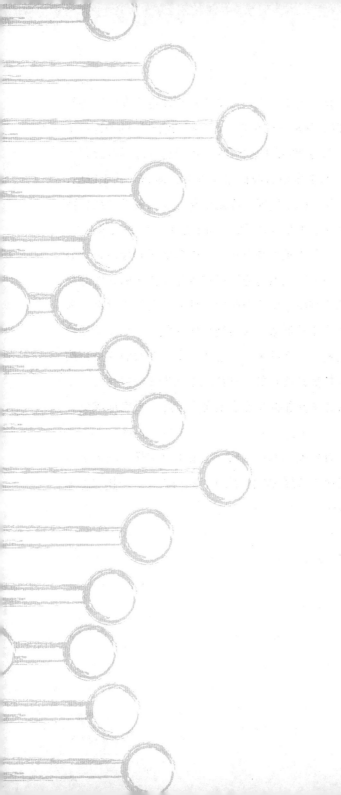

{ *10*万年前至 *7*万年前 }

让我们回到阿尔泰共和国，回到村长的那间办公室。我永远不会忘记村长当时惊讶的表情。彼时，我们已经得到村长的许可，在这个小村庄里采集 DNA 样本，之后我们和村长又聊了一会儿。我和研究伙伴一起向他解释，我们还希望借助研究，追踪走出非洲的人类的定居浪潮是如何抵达欧亚大陆的。一瞬间，村长非常惊讶，看上去好像大脑死机了一般，似乎即使我们告诉他地球是平的，他都不会如此诧异！他摇摇头，对我们说，他的祖先不可能来自非洲。因为肤色上的差异，这种说法对他来说非常不可思议。然而，对如今的科学家来说，人类谱系起源于非洲是毋庸置疑的。

我们又解释了一番，最终，村长点了点头，但是，他真的被我们的解释说服了吗？这个男人生活在西伯利亚南部，远离非洲。对他来说，真的很难想象自己的祖先来自非洲大陆……面对人类的非洲起源，感到困窘的并不只有村长一人。几十年前，在欧洲和亚洲，"人类在不久之前起源于非洲"这一想法都很难被接受。在我看来，这是因为，我们这一物种在非洲之外的冒险速度之缓慢，令人很难理解。遗传学再一次证实了人类确实起源于非洲，或者更准确地说，对我们遗传多样性的测量证实了人类起源于非洲。

为了了解种群的遗传多样性，我们会比较两个个体的DNA，并计算出不同核苷酸的数量。于是，通过这种类型的大规模比较，研究人员观察到，目前，人类种群的遗传多样性在非洲人口中是最高的，然后随着远离非洲而减少。这是无可争辩的证据，表明我们这一物种起源于非洲。之所以这么说，是由于奠基者效应和与之相关联的多样性的丧失。

为了理解这种效应，请你想象一间教室，里面坐满了穿着各种衣服、梳着各种发型、具有不同身形的学生；简而言之，就是大家有着各种各样的外形。现在，请一个小组的学生，比如10个人左右，到另一间教室去，这个小组里不会包括所有颜色的衣服、所有发型的代表。

这就是奠基者效应的原理：与来源处的人口多样性相比，移民人口的多样性会减少。这种现象在现代人走出非洲向外扩张的整个过程中反复出现。中东地区是人类走出非洲之后的第一个落脚点，在这里检测到的人类遗传多样性就比欧洲和亚洲的更高。欧亚大陆的现代人是来自中东的现代人的子群，而中东的现代人是来自非洲的现代人的子群。

因此，我们可以合理地想象现代人走出非洲之后的冒险场景：一个群体离开非洲大陆，在新的地方定居，然后从这个群体中分离出一个子群，去更远的地方定居，以此类推。随着每一次新的迁移，新的子群只会带走其来源群体的部分遗传多样性。由于非洲的人口比世界其他地区的人口具有更高的遗传多样性，这也就证明了来源群体确实生活在非洲大陆。

但是，具体是在非洲的什么地方呢？这个问题的答案仍在争论中。事实上，在现代人离开非洲前后，即大约7万年前（不确定性范围在6万~9万年之间），非洲的人口种类繁多，群体之间有很大不同。概而述之，最近关于非洲撒哈拉以南地区的遗传多样性数据让我们能够确定几个古老的人口群体。

第一个群体是科伊桑人（Khoi-San）的祖先。科伊桑人是非洲西南部（纳米比亚）的狩猎采集群体，其中大多数人说的是搭嘴音[1]语言。几十年前，有一部名为《上帝也疯狂》[2]的电

---

[1] 搭嘴音是一种发音方法，泛指口腔内任何一个发声部位发出的一种吸气声音。发音时口腔中两个位置同时闭塞。后面的闭塞位置处于软腭，起着隔断口腔和其他共鸣腔（鼻腔和咽腔）之间的气流通路的作用。搭嘴音主要出现在非洲的科伊桑语系和班图人的祖鲁语、科萨语中。——译注

[2] 《上帝也疯狂》（*The Gods Must Be Crazy*）是1980年上映的电影，由加美·尤伊斯（Jamie Uys）编导，为该系列电影的第一部。故事背景设置在博茨瓦纳，剧情讲述了一个名叫"基"的卡拉哈迪沙漠原始人的故事，基是一个不知晓现代世界的桑人，意外捡到一个从飞机上掉落的可口可乐瓶子，之后发生了一连串有趣的故事。——译注

影让科伊桑人走入了大众的视野。第二个群体是生活在非洲西部喀麦隆的热带雨林（东至乌干达）里的俾格米人（Pygmy）的祖先。还有第三个群体，即撒哈拉以南非洲其他人口的祖先，他们来自班图族裔（Bantous）的扩张。以及第四个群体，包括了东非地区的人口。

非洲以外的人类种群被认为主要起源于最后一个群体。根据我们目前对非洲人口多样性的了解，东非确实是那些走出非洲的人类群体最可能的起源地。但是，我们对于非洲人口的DNA采样依然是非常零散的，而且也可能存在从非洲之外回迁到非洲的种群，这就让问题变得更加复杂。

小步前进

人类走出非洲的冒险过程呈现出了所谓连续奠基者效应。这个过程非常缓慢。根据目前的估算，人类走出非洲的时间约为7万年前，而第一批现代人到达欧洲的时间为4万年前。换句话说，按照最简单的模型计算，从中东到欧洲，人类走了3万年。在这3万年的时间里，人类走了3 000千米。如果我们假设这一迁移过程是匀速的，就意味着这些史前先驱在1 000代的繁衍中前进了3 000千米，即每代人前进3千米。换句话说，在这种迁移速度下，孩子们只在离父母3千米远处定居。

这种相对缓慢的速度似乎至关重要。现代人走出非洲并不是一个群体进入未知世界，随后殖民整个地球的冒险。恰恰相反，走出非洲是这一群人缓慢而漫长的迁移的结果，他们一代又一代地在遇到的新生态系统中安家落户。这个想法是根本性的：这种缓慢的节奏让我们能够理解，我们的祖先为何有时间来适应他们定居的每个新地方。

因此，最新的估算是，在非洲之外的定居浪潮大约发生在7万年前。为了估计这个数值，我们比较了非洲以外个体的基因组与当代非洲人的基因组，并根据两组 DNA 之间的差异和平均突变率推导出了一个时间尺度。这种计算方式与确定我们的共同祖先和黑猩猩分道扬镳的时间相同。但不同的是，非洲和欧亚大陆的人口从未完全彼此隔离，而是持续地发生迁徙和交互。两个种群交换的移民越多，他们的基因就越相似。考虑到这种对分离种群中突变积累的差异性产生相反影响的机制，我们有必要在经典模型中加入对两组人口之间迁移历史情景的模拟。

当然，"7万年前"这个结论看起来可能让人有些困惑，因为在非洲之外发现了更加古老的现代人化石！比如在中东地区发现的卡夫泽化石（Qafzeh），有 9.2 万年的历史；在以色列米斯利亚洞穴（Misliya）发现的一块现代人下颌骨，其年代被测定为超过 17 万年。事实上，我们必须要明白，通过当代的基因数据，我们只能追溯我们祖先的历史。对那些如今没有留下后代的古人来说，他们的历史并没有在我们的基因组里留下痕迹。因此，也许有现代人在比 7 万年前更早的时间离开了非洲。即使真有这种情况，他们也没有在我们的基因组中留下痕迹，因为从遗传的角度来看，这些个体与我们没有直接关系。我们对

7万年这个估算数字持谨慎态度的另一个原因是，对遗传日期的估计存在置信区间。在7万年这个数字的基础上，还存在着5万~10万年的差幅，因此，关于突变的速度，即新的遗传特性出现的速度，仍然有很多不确定性。

现代人与尼安德特人相会

1856 年 8 月，尼安德河谷。工人们正在杜塞尔河畔的一座石灰石采石场工作，此地距离杜塞尔多夫约 10 千米。突然，矿灯的光线照亮了一副人形的骸骨。约翰·卡尔·富尔罗特（Johann Carl Fuhlrott），一位来自德国西部城市埃尔伯费尔德、对自然史充满热情的学者被派往了现场。富尔罗特很快意识到，这些骨头，特别是头骨碎片很可能意义重大。在接下来几周的发掘之后，富尔罗特宣布这些非常古老的遗骸属于一个与我们完全不同的远古物种。什么？与我们不同的物种？怎么可能！

当时，很多人都认为这是一场骗局，或者觉得这具遗骸可能是某位可怜的畸形远古人留下的。以尼安德河谷命名的尼安德特人，在被整个欧洲发现了多个具有相同解剖结构的标本后，才终于在人类的伟大历史中占有了一席之地。一个神奇的巧合是，尼安德特人这个名字的字面意思是"新人类河谷"。

当现代人在大约 7 万年前离开非洲时，欧亚大陆绝非没有人类生存。在长达几十万年的时间里，另一个物种占据了从西班牙到蒙古之间的这片广袤土地，这便是尼安德特人。尼安德特人是另一个物种的后裔，这个物种大约在 70 万年前走出非洲，比现代人早了 60 多万年。在抵达中东之前，现代人遇到了尼安德特人。尼安德特人长什么样？与我们相比，他们身材略微矮小，体格更强壮，脑容量更大。他们会埋葬死者，制作复杂的工具；他们是经验丰富的猎人，群居生活。现代人与尼安德特人的这次"亲密接触"是怎么样的？就在不久之前，还只有考古学可以为我们提供一些信息：定居的时间顺序和物质痕迹表明，我们和尼安德特人应该是和平共处的，还有一些物质文化上的交流。

然而，遗传学让我们有了走得更远的可能。由莱比锡马克斯·普朗克演化人类学研究所的斯万特·帕博（Svante Pääbo）博士领导的一组德国研究人员，在 2010 年通过分析尼安德特人化石的核 DNA 完成了一项技术壮举，并得出了惊人的结论。帕博博士和同事比较了这些尼安德特人的 DNA 与现代人类的 DNA，结果是：我们和尼安德特人的 DNA 相似度高达 99.87%！从人群中随机抽取的两个人类个体更是具有 99.9% 的相似性（即每千个核苷酸中存在一个基因差异）。也就是说，我们与尼安德特人有着密切的遗传学关系。

因此，今天的人类与尼安德特人只有 0.13% 的差别。不可思议的是，正是这区区 0.13% 的基因差异，造成了大不相同的两个物种。尼安德特人的头骨和现代人的头骨大相径庭。前者的体积更大，但这并不是唯一的区别：两种头骨的形状也不同。尼安德特人的头骨更加修长，差不多像是一个橄榄球。从正面看，二者在形态上的差异很明显：尼安德特人的眼睛上方有一个连续的明显隆起。不过，现代人之中也有一些强壮的人拥有这种隆起，也就是眉骨突出。当然，现代人的这种隆起并不是连续的。尼安德特人的一个显著特征让我们绝对不会将他们与我们自身相混淆，那就是下巴：只有现代人才有下巴。尼安德特人的下颌向内凹陷，没有凸出部分。这些差异很难用生物的适应性来解释……有些人认为，尼安德特人通过非常明显的眼眶上隆起（但内部中空）或肿胀的脸来适应寒冷，但目前没有证据支持这一假设，也许这就是演化的偶然性导致的。

当深入研究尼安德特人的基因组后，我们得到了哪些新见解呢？请注意，要研究尼安德特人的基因组，需要将他们的基因组与现代人类的基因组加以比较。然而，尼安德特人的基因组来自古老的 DNA，是退化的和高度碎片化的，因此其遗传分析的结果并不像现代人类的 DNA 分析结果那样完整。然而，事实仍然是，在基因组的编码部分（也就是能够产生蛋白质的部分），我们与尼安德特人只存在着极小的差异。其中，第一组具有差异性的基因与尼安德特人的强壮体格有关，包括参与角蛋白、毛发分子、皮肤愈合的基因，以及其他可能对形态产生影响的基因。第二组不同的基因在人类的身上表现出了 2 型糖尿病的症状，换句话说，这些基因与新陈代谢有关。第三组不同的基因与对病原体的抵抗力有关。

最后，尼安德特人"送给"了我们一些原本独属于他们的基因，这些基因与某些精神疾病有关，比如孤独症和精神分裂症。但是，将这些基因与精神疾病联系起来的潜在生物学机制还算不上十分明确；此外，在现代人中，这些基因差异对疾病的影响非常小；以及，尼安德特人携带的基因突变与现代人携带的基因突变并不一样，所以我们不知道它们的影响。简而言之，目前我们还不知道在尼安德特人身上发现的突变是否导致了他们的大脑与我们的不同，了解这些差异的确切功能是未来的重大攻坚目标之一。

两个物种的交互

不过，在德国古遗传学家团队的发现中，最令人意想不到的结果是在所有非洲以外的人群中，都出现了奇怪的"亲缘关系"。他们的数据显示，非洲以外的现代人和尼安德特人之间出现过杂交：尼安德特人的基因组确实更接近欧洲人或亚洲人的基因组，而不是非洲人的。换句话说，在非洲之外，我们的基因构成中有来自尼安德特人的 DNA 片段。因此，第一批走出非洲的现代人确实和尼安德特人发生了一些"富有成效"的"浪漫故事"。在欧洲人、现代亚洲人和大洋洲人的血管中，流淌着没有下巴的远古祖先的血液。最近，在部分非洲人口中也发现了一些尼安德特人的基因组，比例极小，这些基因组是由反向迁移的现代人从非洲外面带回来的。

在欧洲人和亚洲人的基因组中，尼安德特人的 DNA 片段占比约为 2%。这份"遗产"意味着什么，里面会有对今人有用的基因吗？在回答这个问题之前，我得重新强调一遍，这 2% 从尼安德特人那里得到的 DNA 来自一个与我们的基因组 99.87% 相同的基因组。举个例子，对一个包含 1 万个核苷酸的 DNA 链来说，两个现代人的 DNA 只有 10 个核苷酸不同。而对一个现代人和一个尼安德特人来说，二者的 DNA 也只有 13 个核苷酸不相同。换句话说，一段基因组即使是来自尼安德特人的，也只不过增加了万分之三的差异而已。

这个数字真是很小。特别是我们从尼安德特人那里继承的大多数 DNA 片段并不携带任何基因，只是非编码 DNA 的一部分，是不会转化为蛋白质的无用 DNA。此外，构成这 2% 的 DNA 片段在很大程度上是因人而异的。（将所有欧洲人和亚洲人携带的 2% 的 DNA 加在一起，几乎相当于尼安德特人全部基因组的 50%！）总而言之，这个 2% 的数字看似很大，但却掩盖了更低概率的个体遗传的事实。

那么，这 2% 到底意味着什么？尼安德特人真正留给现代人的基因遗产是什么？在某些地区，来自尼安德特人基因组的某些片段几乎在所有个体中都能找到：在欧洲，几乎所有人都携带来自尼安德特人的 DNA 片段，其中包含 *BNC2* 基因，该基因与皮肤色素沉着有关；而亚洲人也几乎都携带来自尼安德特人的 DNA 片段,其中包含 *POU2F3* 基因,该基因与角质形成细胞(构成皮肤表层的细胞)的分化有关。一般来说,可以认为尼安德特人留给我们的基因遗产是有益的,虽然我们尚不清楚其中生理机制的细节。这一论述可能看起来有点武断,但它是基于统计数字得出的。

研究人员发现,一段来自尼安德特人的 DNA 片段中包含的基因(或者说具有的"生物功能")越多,在现代人中被发现的概率就越低。这意味着什么呢?很简单,在尼安德特人和现代人结合的时期结束时,携带许多尼安德特人基因的现代人个体的预期寿命,要低于那些携带很少尼安德特人基因的现代人个体的寿命。

对于这种"尼安德特人的诅咒",有两种解释。一方面,当遗传机制试图将来自另一物种的 DNA 片段整合到基因组中时,它们与原有基因组的其他部分并不协调,运行起来也就不那么顺利。另一方面,尼安德特人基因库的质量比我们的低。在历史上,由于人口数量减少,在近亲繁殖的压力下,尼安德特人积累了大量的有害突变,以至于尼安德特人基因的携带者可能不太健康或更难繁殖后代。

反过来,在一些情况下,来自尼安德特人的基因已经被证明是对生存有益的。我们目前还不清楚这些基因如何起作用,或者可能提供了哪些适应性优势。不过,相关研究已经注意到,我们从尼安德特人那里继承的一些基因与角蛋白(即毛发的分子)有关;一些基因与免疫系统有关(HLA 基因的一个版本);

还有一些基因与新陈代谢有关，因为可以肯定它们与某些类型的糖尿病相关联。

一种假设是，我们保留了使尼安德特人能够适应所处环境的基因，无论是寒冷、阳光不足的地方，还是有病原体入侵的地方。这份来自尼安德特人的"礼物"增强了现代人抵御欧洲高纬度地区普遍存在的寒冷和日照较少的能力，并获得了防御病原体的更好的抵抗力。

尼安德特人在欧亚大陆生活了几十万年，有时间通过自然选择来适应恶劣的环境。现代人来到这里时，所面对的就是这种与非洲大陆气候完全不同的气候。携带这部分有利 DNA 的现代人个体比没有这部分 DNA 的个体生存得更好，也更有机会繁殖。于是，随着一代又一代现代人的繁衍，来自尼安德特人的这部分 DNA 传承给了生活在欧亚大陆的所有现代人。

这种 DNA 插入机制，在遗传学家的行话中被称为"适应性基因渗入"，使得接受者具有选择优势。当然，这些来自尼安德特人的基因也很有可能是在进入我们的基因组后才具有适应性的。正是基因渗入的随机性，以及略有不同的环境，能够解释我们在亚洲和欧洲发现的来自尼安德特人的不同部分的渗入 DNA。

对 DNA 的研究显示，与尼安德特人的基因组被嵌入现代人的基因组一样，尼安德特人也接收了来自现代人的 DNA！最令人惊讶的是，在尼安德特人身上发现的现代人 DNA，在现代人类身上已经不复存在了。换句话说，这些曾经与尼安德特人生儿育女的现代人，并没有留下如今还存活的后裔……

相遇之地

现代人在走出非洲之后，遇见了尼安德特人。我们能否更准确地找出他们究竟在哪里相遇，共筑爱巢？遗传学提供了一些答案。无论是欧洲人、亚洲人、巴布亚人（Papuans）[1]，还是澳大利亚人等，非洲以外的所有现代人都拥有尼安德特人的部分基因组。这意味着，在现代人走出非洲之后、征服整个地球之前，一定在中东地区和尼安德特人发生了"浪漫邂逅"。那是什么时候发生的呢？答案是大约7万年前到5万年前之间。之后，现代人和尼安德特人的亲密关系又持续了一段时间，但这段共同生活的历史依然难以在我们的基因组中发现痕迹。

然而，遗传学不仅可以告诉我们现代人和尼安德特人的"亲密接触"在哪里发生，还能告诉我们至少发生了几次，而且这个数量还特别低：150次。只需要共同生儿育女150次，就能解释现代人身体内2%的尼安德特人基因。那么，当初走出非洲的现代人有多少呢？如果考虑到非洲以外现代人的遗传多样性，答案是：只有几千人。

这些现代人祖先显然并没有形成一个紧凑的集体。现代的狩猎采集者以100~200人为一组共同生活。所以，当初应该有多个小团体走出了非洲。大约3.7万年前，尼安德特人从欧亚

---

[1] 太平洋西南部新几内亚岛及其附近岛屿上的原住民民族。属尼格罗-澳大利亚人种巴布亚类型和美拉尼西亚类型。——译注

大陆消失了。因此，现代人和尼安德特人是在几千年的时间里，在欧亚大陆的范围内相遇的。从这个角度来看，共同生儿育女的次数仅仅只有150次，委实不多。对这一结果，有两种可能的解释：要么现代人和尼安德特人之间"不来电"，所以很少共同繁衍后代；要么其实相处得不错，但只有150个"混血儿"留下了后代。要知道，现代人和尼安德特人的"混血儿"本来应该是不孕不育的，就像某些跨物种的杂交后代一样，比如狮虎兽、骡子……

知道现代人和尼安德特人发生过"亲密接触"是一回事，还原这些"亲密接触"发生的来龙去脉是另一回事。这样的邂逅是在什么场合发生的？是偶然的狭路相逢吗，还是例如在两个族群相遇后的"联谊会"上？问题还在于，现代人和尼安德特人之间是否"来电"。一个物种的某个个体是否会被另一个物种的某个个体吸引呢？又或者说，这种杂交其实是部族战争后，对战俘的强暴导致的结果？尽管我们心里也清楚，这些问题确实很难回答，但提出这些问题是很有必要的。不过，遗传学在这方面有发言权。因为，在最近解码尼安德特人 DNA 的工作中，人们发现了一个小惊喜！

通过分析尼安德特人的 X 染色体，并将其与现代人的 X 染色体做比较，人们发现我们的 X 染色体所含的尼安德特人基因组明显少于我们的非性染色体所含基因组。你或许知道，在包括人类在内的所有哺乳动物中，是性染色体（X 染色体和 Y 染色体）决定了一个人的生理性别：女性是 XX，男性是 XY。这一结果就好像是尼安德特人的基因影响忽略了（或者几乎忽略了）我们的 X 染色体。

为了解释这种异常的现象，研究者首先提出的假设是，X 染色体上拥有更多尼安德特人基因的个体存活率更低。对一个男性来说，他只有一条 X 染色体和一条 Y 染色体——性染色体与其他染色体不同，其他染色体都是成对的。这种成对性可以弥补有缺陷的基因：如果其中一条染色体出现缺陷，另一条配对染色体可以作为备用。换句话说，在人类中，X 染色体更容易被自然选择"看见"，它的缺陷将降低携带者的存活概率，或使携带者繁殖更加困难。因此，对跨物种的杂合体来说，雄性的生殖能力往往比雌性更差。那么，现代人和尼安德特人的混血后裔会不会也出现了这种现象呢？

这个论点能够自圆其说，但还有另一个更有吸引力的假说，解释了为什么我们的 X 染色体"不那么尼安德特"。这个假说来自人类学，其认为大部分的跨物种"浪漫邂逅"发生在现代人女性（性染色体为 XX）和尼安德特男性（性染色体为 XY）之间。因此，按比例来说，杂交后代中的现代人 X 染色体会比尼安德特人的 X 染色体更多。这种基于性别的不对称杂交的猜想，与我们对殖民时期现代人种群之间的交互结合的观察结果是一致的，对于后者，我们有更多的数据，例如农耕种群和狩猎采集种群之间的相遇。我们将在本书的第三部分中详细介绍。

于是，我们可以想象现代人族群与尼安德特人族群相遇时的情景，其中现代人女性会与尼安德特男性发生"浪漫邂逅"。当非常不同的种群相遇时，经常会发生不对称的杂交，即一个种群中的某个性别与另一种群的杂交数量多于另一个性别的杂交数量。在现代人和尼安德特人的风云际会中，现代人女性发现尼安德特男性更合她们的心意，而尼安德特女性则对现代人男性不太感兴趣。比如，在非洲的狩猎采集族群和农耕新移民族群之间的不对称杂交中，不对称的性吸引偏好就是比暴力侵犯更合理的解释。不过，我们确实也没有现代人和尼安德特人相遇时的见证人……

罗曼史的终结

无论现代人和尼安德特人的关系是什么状态，这段罗曼史都以尼安德特人的消失而告终。为什么我们的表亲尼安德特人在欧亚大陆生活了30多万年之后，却在大约3.7万年前灭绝了？人们提出了各种假设，例如与现代人发生了冲突、流行病的肆虐、冰河时代的结束等，但没有一个是足够明确的答案。不过，遗传学却可以帮助我们检验其中一个经常被提及的理论：近亲繁殖。尼安德特人是以小规模群体聚居生活的，这就导致了他们习惯性地近亲繁殖，于是，基因缺陷成倍增加，最终使该物种走向灭绝。

2015年，在阿尔泰山脉发现了一份DNA样本，让我们首次得到了能够推断出尼安德特人近亲繁殖的证据。从一具保存状态良好的尼安德特人骸骨中，我们得到了其双亲的 DNA 数据。通过比较这些 DNA，我们可以估计出个体是否存在同时靠近其父系一方和母系一方的共同祖先，简而言之，就是评估个体家族中的近亲繁殖情况。结论是：这个尼安德特人的父母属于同一个家庭。这种近亲结合发生在叔叔和侄女之间、双重表亲[1] 之间，以及同父异母的兄弟姐妹之间。

然而，从阿尔泰山脉发现的这具尼安德特人骸骨中得出的结果，并没有在其他的尼安德特人身上重现。几个月之后，人们又对克罗地亚文迪亚洞穴（Vindija Cave）中发现的另一具尼安德特人遗骸做了同样的 DNA 检测。检测的结果表明，这位尼安德特人的祖上也具有相当高的近亲繁殖水平，但比阿尔泰山脉的那位尼安德特人的近亲繁殖水平低得多。将尼安德特人的近亲繁殖情况与当代人类种群的近亲繁殖情况做比较，结果表明，前者近亲繁殖的程度和今天依然处于狩猎采集状态的人类种群的近亲繁殖程度差不多，如今这些狩猎采集的原始部落也以几百人的规模生存。换句话说，这种近亲繁殖水平绝不会导致种群消失。

尽管如此，尼安德特人的遗传多样性水平还是很低。换一种说法，根据如今的估算，他们的遗传多样性大约只有现代人的十分之一。在尼安德特人的人口统计历史中，他们在 10 万年

---

[1] 例如，A 男有一个姐妹 B 女，C 男有一个姐妹 D 女，A 与 D 的孩子和 B 与 C 的孩子就是双重表亲。——译注

前就开始出现大幅度的人口下降，远早于现代人在大约 4 万年前抵达欧亚大陆的时间。换句话说，当现代人在欧洲遇到尼安德特人时，后者已经走在人口急剧下降的道路之上。我们不能排除现代人的出现加速了尼安德特人的灭绝这一可能，要么是因为对资源的竞争（但这种假设不太可能，因为当时地球上有大量可用的资源），要么是因为尼安德特人的领地越来越碎片化。如果后者的情况是真的，我们应该会发现与较早期的尼安德特人相比，较晚期的尼安德特人的近亲繁殖程度有所增加。

不过，目前能够让我们提取质量足够好的 DNA 的尼安德特人遗骸数量依然太少，所以这一假设还无法得到验证。这个假设的有趣之处在于，它还能解释一个古人类学的事实：尼安德特化（néandertalisation）。这个术语描述了晚期尼安德特人比早期尼安德特人更"尼安德特"的倾向。确实，随着尼安德特人这一物种的演化，他们具有的标志性特征越来越明显。一些研究人员认为，尼安德特化可以用遗传演化的现象来解释，这种现象主要出现在近亲繁殖较多的小规模群体之中。总之，领地的碎片化（尼安德特人不同群体之间的相对隔离程度因现代人的到来而加剧）将是解释尼安德特人灭绝的有力论据。

旧爱新欢

当然，现代人的跨物种罗曼蒂克冒险史并没有就此结束。让我们将"电影"回放，重看现代人走出非洲之后的情境：在中东地区定居之后，一部分先驱者率先向东进发，开启新的冒险，他们穿越亚洲的亚热带地区，最终抵达澳大利亚。这是智人在非洲以外的第一次大规模迁移。在这次伟大的旅程中，这些早期现代人遇到了另一个现已灭绝的人类物种：丹尼索瓦人。2010年，在西伯利亚南部阿尔泰山脉一个名为乔尔内·阿努伊（Tchorny Anouï）的小村庄附近的洞穴中，古人类学家发现了一个趾骨尖。此前，人们已经在这个洞穴里发现过尼安德特人的骸骨化石，然而，对这块小骨头的DNA检测结果揭示了一个令人惊讶的信息：它来自一个丹尼索瓦人。既不是尼安德特人，也不是现代人！

这一发现对了解现代人很重要，因为东南亚人群中通常会发现丹尼索瓦人的基因组。在如今大洋洲的人群中这一比例更高，在新几内亚岛上的巴布亚人和澳大利亚原住民的基因组中发现的丹尼索瓦人基因组的最高比例可达到6%。想想看，在阿尔泰山脉的洞穴中只发现了这么一块丹尼索瓦人的遗骸残片，而携带其基因组的现代人却生活在数千千米之外的大洋洲。6%这个数字着实耐人寻味。

古人类学家也对这一奇怪现象感到惊讶，并设想了一个情景来解释它。最初，丹尼索瓦人在世界范围内广泛分布。然后，走出非洲的第一批现代人遇到了丹尼索瓦人，并与他们生儿育女。后来，新的一波殖民浪潮来到了阿尔泰山脉，取代了之前生活在这里的更早期的现代人，但这一殖民浪潮并没有影响到新几内亚岛和澳大利亚。科学界正热切期盼着在亚洲大陆发现其他丹尼索瓦人遗骸或相关化石。

从对现代人口的遗传贡献来看，丹尼索瓦人的基因不仅在数量上很重要——占目前人类基因组的 6%；在质量方面也很重要，这些基因可不只是在非编码 DNA 中植入的、没什么用的核苷酸序列。多亏了这种突变，中国的藏族人才能够在氧气稀少的高海拔地区自在地生活。特别是与中国中原地区的人口相比，这种突变显著降低了藏族女性的分娩死亡率及婴儿的死亡率（大约为中原人口的三分之一）。而这种优势只在高海拔地区才有效，在其他的亚洲人口中，都没有发现这种情况。这是适应性基因渗入的一个很好的例子，将一段来自外界的 DNA 插入基因组，从而赋予个体适应性优势。

对丹尼索瓦人基因组的分析也揭示了一个令人不安的问题。如果我们不去看细胞核中包含的来自丹尼索瓦人的 DNA，而是查看线粒体 DNA（只会从母亲传递给女儿）中的情况，会发现后者讲述了一个完全不同的故事。细胞核基因组显示，丹尼索瓦人是尼安德特人很近的表亲：在人类谱系的系统发育树上（代表物种之间的亲缘关系），两者都构成了接近现代人的同一条分支。然而，线粒体 DNA 却认定了一个更远的表亲关系，将丹尼索瓦人与比尼安德特人更远的化石表亲联系起来。丹尼索瓦人的线粒体 DNA 实际上与另一些更古老的人类遗骸相似：来自西马德洛斯霍斯索斯（Sima de los Huesos）的遗骸！

西马德洛斯霍斯索斯的人类遗骸是在西班牙北部市镇阿塔普埃尔卡（Atapuerca）的一个洞穴中被发现的，其历史可以追溯到大约 40 万年前。通常认为，他们与海德堡人（*Homo heidelbergensis*）有关，海德堡人是欧洲的尼安德特人的祖先。从这些遗骸中能够提取到 DNA，这也是目前我们能够提取并分析的人类谱系中最古老的 DNA。

被提取出的第一个 DNA 片段来自线粒体 DNA。结果发现，它与尼安德特人和现代人的线粒体 DNA 都不相同，但与生活在数千千米外的丹尼索瓦人的线粒体 DNA 接近，而丹尼索瓦人的存在时间大约在 4 万年前。真是出人意料的结果！又过了几年，研究人员对遗骸化石的细胞核 DNA 做了部分分析，才破解了这个谜团。事实上，在物种杂交的过程中，尼安德特人得到了来自古老现代人的线粒体 DNA，而西马德洛斯霍斯索斯遗骸和丹尼索瓦人则保留了各自的原始线粒体 DNA。简而言之，这又是一个"跨物种恋爱"的故事！对研究从化石中提取 DNA 的人来说，这无疑是最令人欣喜的新发现：无论是现代人与尼安德特人，还是丹尼索瓦人与现代人，或者是尼安德特人与丹尼索瓦人，总之，不同的人类谱系之间发生了杂交。就在最近，人们甚至发现了一具尼安德特人和丹尼索瓦人结合生下的女儿的骸骨。

跨物种大杂交的世界

因此，现代人的历史，是和其他已经灭绝的物种混合形成的。在欧洲，现代人主要是和尼安德特人发生"纠缠"。除了现代人走出非洲之后与尼安德特人的第一次风云际会，研究人员还能够重建在欧洲发生的、更局部也更晚期的"跨物种恋爱"，但这些交互对现代人的基因组贡献较小。在亚洲，大多数人口都含有 6 万年前与尼安德特人交互的痕迹，但也含有来自丹尼索瓦人的基因组，其比例非常不同（从新几内亚岛某些种群中的 6% 到大陆种群中的不到 1%）。这里我们说的"混合"，既是地理上的，也是时间上的。

就目前而言，对远古人类的 DNA 分析主要是围绕欧洲的化石展开的。显然，分析世界其他地区的远古 DNA 会进一步丰富我们的认知。对亚洲大陆的研究将使我们能够更好地确定丹尼索瓦人的分布范围，甚至找到一个完整的化石遗址，为我们提供有关其形态和物质生产的信息。在非洲，利用现代人类的 DNA 数据，一些研究团队已经能够证明，现代人和其他现已灭绝的远古人类之间也存在杂交。然而，从非洲大陆的土壤中提取古老的 DNA 是很困难的，因为 DNA 在热带环境中会迅速降解。

研究人员在研究弗洛勒斯人（*Homo floresiensis*）的时候，也面临同样的问题。这具历史可追溯到 5 万年前的弗洛勒斯人的遗骸，是在印度尼西亚的弗洛勒斯岛出土的。由于个头很小，只有 1~1.1 米，他又被称为"史前霍比特人"。弗洛勒斯人可能是一个更古老、个头更大的物种的后代，比如直立人，并且可能患有"岛屿侏儒症"（由于自然选择，岛屿上的一些物种往往体型更小，比如在地中海就有小个头的侏儒河马；与之相反，有一些物种则长得奇大无比，比如科莫多巨蜥）。但弗洛勒斯人也有可能是另一个身材矮小的古老非洲祖先的后裔。如果能够从弗洛勒斯人身上提取到 DNA，那将是一个无与伦比的重大发现。无论如何，弗洛勒斯人的存在都提醒我们，在 6 万年前，至少有 4 种人类居住在地球上：尼安德特人、丹尼索瓦人、弗洛勒斯人和现代人。除此之外，刚刚加入这首"四重奏"的，是新发现的一个古老物种：生活在菲律宾的吕宋人（*Homo luzonensis*）。由此可见，现代人成为地球上唯一的"人"，也不是很久远之前的事。

再说了，我们真的那么孤单吗？

在西伯利亚南部的克麦罗沃地区，广袤的森林使该地区人迹罕至，也让人们产生了各种想象。我们可以搭乘西伯利亚铁路前往采矿小镇梅日杜列琴斯克（Mezhdurechensk），不是旅游路线中的那条西伯利亚铁路，而是不怎么出名的南线，车上没有空调，也没有水，厕所仿佛几年没有刷过。晚上，车厢里挤满了赤裸着上身的醉汉，他们时而唱歌，时而讲述雪人的传说。令人毛骨悚然的雪人经常成为当地的头条新闻，有些人认为它是一种来自远古的孑遗种 [1]（根据"经典"的假说，是一种直立人）。在树林中看到一个模糊人影，发现一根疑似雪

---

[1] 在生物地理学和古生物学中，孑遗或残存、残遗、残留，是指某一地质年代很普遍或非常多样化的生物群或类群，后来几乎灭绝，现仅残留的个别个体或此现象。孑遗的物种称为孑遗种，孑遗的属称为孑遗属，孑遗的生物则称为孑遗生物。——译注

人的毛发挂在树枝上，当地人的脉搏就开始狂跳。甚至还有人说要建立一所专门研究雪人的学院，希望借此发展当地的旅游业！

　　梅日杜列琴斯克居民对雪人的热衷是否有合理依据？西伯利亚的泰加林[1]里是否还生活着被认为已经消失的人类物种？最近，英国牛津大学的人类遗传学教授布莱恩·赛克斯（Bryan Sykes）在一份非常严肃的学术期刊上发表了分析报告，内容涉及他从世界各地收集的所有"雪人"毛发。通过 DNA 检测，有可能确定每一根"雪人"毛发来自哪个物种，有的是熊毛，有的是牦牛毛，但绝不属于幸存下来的古老人类谱系……真是抱歉，亲爱的梅日杜列琴斯克居民，我们确实是地球上唯一的人类物种，而且我们还都来自非洲大陆！

---

[1] 即北方针叶林，在我国称为寒温带明亮针叶林，混合了落叶针叶林与常绿针叶林的森林，满布松柏，主要分布于美国阿拉斯加、加拿大、瑞典、芬兰、挪威和俄罗斯（尤其是西伯利亚）；零散分布于美国本土极北（明尼苏达州、纽约上州、新罕布什尔州、缅因州以北）；中国大兴安岭、长白山，西藏、青海、新疆等部分地区；哈萨克斯坦极北、日本北海道极北。北方针叶林是陆上最大的生物群系，所在地区阳光照射充足、气候干旱，夏季平均气温 10℃，全年降水量 300~900 毫米。——译注

第二部分

征服的精神

L'ESPRIT
DE CONQUÊTE

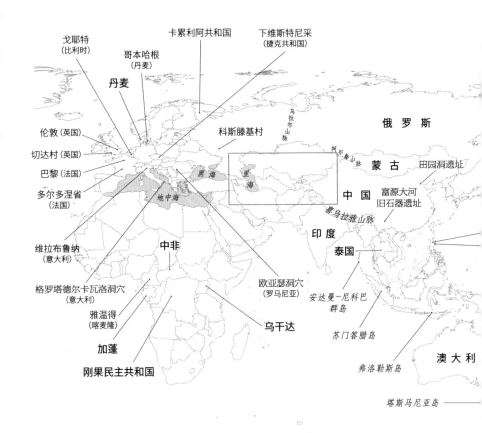

戈耶特
(比利时)

哥本哈根
(丹麦)

丹麦

卡累利阿共和国

下维斯特尼采
(捷克共和国)

伦敦(英国)

切达村(英国)

巴黎(法国)

多尔多涅省
(法国)

科斯滕基村

乌拉尔山脉

俄 罗 斯

阿尔泰山脉

蒙 古

田园洞遗址

黑 海

里
海

中 国

富源大河
旧石器遗址

地中海

喜马拉雅山脉

印 度

维拉布鲁纳
(意大利)

中非

泰国

格罗塔德尔卡瓦洛洞穴
(意大利)

欧亚瑟洞穴
(罗马尼亚)

安达曼-尼科巴
群岛

雅温得
(喀麦隆)

乌干达

苏门答腊岛

加蓬

弗洛勒斯岛

澳 大 利

刚果民主共和国

塔斯马尼亚岛

卡拉卡尔帕克斯坦共和国

哈 萨 克 斯 坦

撒马尔罕 塔什干

里
海

乌兹别克斯坦

天 山 山 脉

吉尔吉斯斯坦

土库曼斯坦

塔吉克斯坦

特什克·塔什洞穴

费尔干纳

布哈拉

伊 朗

阿 富 汗

中 国

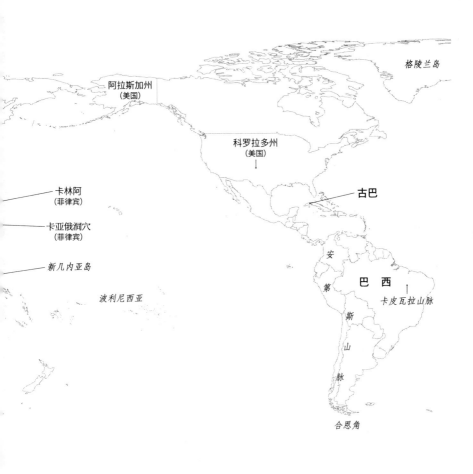

阿拉斯加州
（美国）

格陵兰岛

科罗拉多州
（美国）

卡林阿
（菲律宾）

卡亚俄洞穴
（菲律宾）

新几内亚岛

波利尼西亚

古巴

安

第

斯

山

脉

巴 西

卡皮瓦拉山脉

合恩角

向澳大利亚进发

让我们回顾一下：根据遗传学数据，现代人在大约 7 万年前走出非洲，开始大冒险，他们遇到了尼安德特人，并与之"交换了基因"。离开非洲的一部分现代人去了欧洲，另一部分则踏上了前往亚洲的道路，在那里与另一个史前人种，也是我们的表亲——丹尼索瓦人相遇。

于是，在非洲之外，两块大陆（欧洲大陆与亚洲大陆）见证了同一拨移民热潮。这就对人类的地球定居史提出了一个重大问题：如今，非洲之外的人口，都是一样的"人"吗？换句话说，所有非洲之外的人，都是现代人第一次走出非洲之后留下的后人吗？比如，乌拉圭人或者来自新几内亚岛雨林的巴布亚人也是这些先驱的后裔吗？

如果只看表型，也就是人口种群的外观样貌，那确实有充分的理由怀疑这一点。以澳大利亚丛林里的原住民为例,这些人都有深色皮肤和卷发。在很多方面,他们长得更像非洲的黑人。但如果我们知道,这些原住民是通过一种可以被看作是"史前直飞航班"的方式从非洲抵达澳大利亚的,这种相似性就不足为奇了。尼格利陀人(Negritos)也是这种情况,这是一个皮肤黝黑、身材矮小的群体,分布在亚洲的海岸线上,从印度到位于泰国西边的安达曼-尼科巴群岛,再到菲律宾。"尼格利陀"一词并没有贬义,它在西班牙语中的意思是"矮黑人",第一批来到菲律宾的西班牙人给他们起了这个名字。与澳大利亚的原住民一样,尼格利陀人的形态类型与其他生活在东南亚的人群完全不同。

在这种"与众不同"之中,我们很容易推断出一段特殊的古老历史的痕迹。那就是,走出非洲的史前现代人可能至少有两批:一批留下了尼格利陀人和澳大利亚原住民这些后代,另一批则是欧亚大陆人口的祖先。那么,真实的情况到底是怎样的呢?在澳大利亚,最终揭开真相的是一缕头发。直到2011年,通过丹麦哥本哈根大学古遗传学家埃斯克·维勒斯列夫(Eske Willerslev)领导的团队的研究,我们才深入了解了澳大利亚原住民的基因组。为什么等待了这么长的时间?因为"旧伤未愈"。

头发揭开了谜底

事实上,自从航海家詹姆斯·库克(James Cook)于1770

年踏上澳大利亚的土地，并代表英国王室将这个地方据为己有以来，澳大利亚的原住民就饱受暴力的歧视政策之苦：他们流离失所，孩子被带走送去集中抚养，殖民者不断侵占他们的土地……虽然这种歧视在很大程度上已成为过去，但原住民对这段历史记忆犹新。有鉴于此，原住民，尤其是年长的原住民，对那些想"窃取"他们 DNA 的欧洲研究人员颇为抵触，他们认为这些人是伪装的殖民者。

推动澳大利亚人类定居史知识发展的那一绺头发在抽屉里沉睡了几十年。20 世纪 20 年代，一位年轻的原住民自愿割下一绺头发送给一位英国的人种学家。古遗传学家埃斯克·维勒斯列夫拿到了这绺头发，并在研究之前向丹麦生物伦理学委员会请求批准。后来，维勒斯列夫又得到了原住民代表的祝福。维勒斯列夫的文章一经发表，就引发了热议，其原因并不仅仅与澳大利亚的历史有关。实际上，维勒斯列夫实现了技术上的突破，他和他的团队首次成功分析了来自古老头发的完整细胞核 DNA。

长期以来，人们一直认为只有头发的鳞茎部位也就是发根毛囊处包含 DNA。剪掉一根不包括毛囊的头发，根本不可能从上面得到 DNA。然而，从 21 世纪初开始，由于技术的进步，我们能够分离毛发中的一些 DNA 分子，不过只是线粒体 DNA。2011 年，维勒斯列夫的团队成功地从个体毛发上提取出了细胞核 DNA。事实证明，这种 DNA 的含量极低，但质量却出奇地好，从某种程度上说，是头发的角蛋白保护了它。在找到细胞核 DNA 时，研究者发现，它实际上比从骨头或牙齿中提取的 DNA 质量更好。

同一次"出走"

澳大利亚原住民的头发 DNA 让我们得到了什么新见解呢？它帮助我们确定了原住民的祖先和非洲人的祖先分道扬镳的时间。为了推算出这个时间，古遗传学家计算了这位澳大利亚原住民的基因组与非洲人基因组之间的差异数量。这个积累的突变数量，与这些个体的祖先分道扬镳后经过的时间成正比。研究人员算出的时间是什么时候呢？是大约 7 万年前。将欧洲人或者亚洲人的 DNA 与撒哈拉以南的非洲人的 DNA 做比较，也得到了相同的结果。但如果我们就此下结论说，澳大利亚原住民的祖先是和欧亚大陆人的祖先在同一拨移民潮中离开非洲的，还是有点草率，因为这个日期还有着 5 万~10 万年的不确定性，这种不确定性是突变率的模糊性导致的。

然而，另一个事实可以作为这个推定年代的补充证据：澳大利亚原住民的 DNA 中也含有 2% 的尼安德特人基因组。因此，澳大利亚原住民也是曾经在中东与尼安德特人混居的第一批走出非洲的现代人的后裔。换句话说，澳大利亚原住民的祖先，也是同一批在大约 7 万年前走出非洲的现代人。这一发现也适用于所有的非非洲人：通过研究巴布亚人和尼格利陀人的 DNA 也证实了这一结果。所有人都是唯一一次"走出非洲"的结果。

澳大利亚原住民是一路向东迁徙的现代人的后裔，而其他现代人则转向了欧洲或亚洲。

"一座金矿"

正如我在前文提到的，维勒斯列夫的文章在当时引起了很大的轰动。科学界不但为这项技术壮举欢呼雀跃，而且对这项研究将要打开的领域充满热情。因为，在博物馆的地下室里，特别是在位于法国巴黎的人类博物馆的地下室里，隐藏着了解我们这一物种的真正宝藏：生物人类学的藏品。

早在 18 世纪，当欧洲的探险家开始探索这颗星球时，同行人中就有科学家，后者负责带回关于这颗星球自然多样性的信息。科学家带回来的动植物标本丰富了法国国家自然历史博物馆的馆藏，更不用说还有那些证明人类多样性的样本：在获得当地原住民或多或少同意的情况下，他们模铸了当地人的外貌模型，并从当地墓葬中取得了一些人类遗骸。

在接下来的几十年里，馆藏的数量和种类通过各种类型的捐赠不断增加。实际上，在 19 世纪的法国，在客厅里展示头骨是很时尚的事。一旦时尚浪潮退却，大量的头骨便被捐赠给博物馆，保存在人类博物馆里，以丰富馆藏。后来，除了头骨的收藏，又多了头发的收藏。在人类博物馆的馆藏里，有一组来自世界各地的各种独特发绺收藏。维勒斯列夫团队的研究工作彻底地改变了我们看待这些藏品的方式，我们曾经认为它们没有什么科学价值。然而，这些头发却是那些已经消失的，或被迫流离失所的，或跨物种混居的人类种群的最后残留物。简而言之，这些藏品是我们回溯这些事件发生之前的历史的唯一途径。

抵达澳大利亚

澳大利亚原住民的祖先在大约 7 万年前离开了非洲，那么，他们是什么时候抵达澳大利亚的呢？在首次研究原住民的头发之后，维勒斯列夫团队的研究人员拜访了原住民社区，在获得同意的前提下，采集了他们的生物样本，以便研究其多样性。这一多样性是衡量这些人口种群"年龄"的一个标准。假设最初只有少数现代人来到澳大利亚定居，然后他们的后裔逐渐占据了这片土地，那么这些现代人和其他种群之间的基因差距就能够反映出这小群现代人抵达此地的时间。

这项研究得到了什么结果呢？根据如今的澳大利亚原住民和巴布亚人的遗传多样性，研究者估计，澳大利亚-新几内亚岛的定居浪潮发生在大约 5 万年前。这一估计与对考古遗迹的调查结果相吻合，这些人类定居点可以追溯至 5 万年前（有一些定居点似乎可以追溯到 6.5 万年前，或许这是更早抵达的"人类"留下来的，不过他们没留下后代）。换句话说，走出非洲的第一拨迁徙浪潮是在 7 万年前出现的，在 6 万年前左右，这些现代人与尼安德特人混居，然后其中一些个体继续向东迁徙；大约 5 万年前，他们的后裔抵达了澳大利亚。由于抵达日期有很大的不确定性，所以目前还没有办法准确地评估迁徙的速度。不过，我们至少可以确定这种迁徙的平均速度：这些非洲人的后代以每年4千米的速度，在5 000年的时间内，走过了2万千米的路程。

这些远古人类走的是什么路线呢？如果我们查看世界地图，以尼格利陀人为例，首先浮现的想法应该是他们的祖先从印度的方向，沿着亚洲的海岸线前进。古人类群体会沿着海岸线迁徙吗？事实上，哪怕将海岸线随着时间的推移而发生的变化考虑在内，考古学家通常也只会在距离海岸100多千米的内陆土地上发现考古遗址。所以沿海岸线迁徙的假设被否决了！现代人最初的迁徙路线可能确实是沿着海岸线的，但是是在更靠近内陆的地方。

一条遗传学的线索可能有助于我们找到这条最早的人类迁徙路线。基因数据显示，在迁徙路上，现代人与丹尼索瓦人相遇并结合，丹尼索瓦人是与尼安德特人同属一个分支的表亲。现代人与丹尼索瓦人结合并留下了后代的证据，就藏在巴布亚人和澳大利亚原住民的基因组中，在他们的基因组中，来自丹尼索瓦人的基因组的比例是所有人类群体中最高的，正如我在前文提到的：在目前的个体基因组中，这一比例高达6%！

这一"浪漫邂逅"是如何发生的，至今依然是一个巨大的谜题。我们可以合理地假设，丹尼索瓦人的活动范围并不仅限于西伯利亚，而是覆盖了一大片土地，其最南端恰好覆盖了现代人向东迁徙的路线，所以两个物种的后代能够前往新几内亚岛和澳大利亚定居。无论如何，DNA 证据证明了这次邂逅产生了"爱情结晶"。

陆路与海路

所以，澳大利亚原住民的祖先曾经沿着亚洲大陆一路走到最东端，然后呢？不要忘了，虽然澳大利亚面积很大，但它就像孤零零漂浮在南太平洋上的一座岛屿。为了了解人类在这块大陆定居的最后一部分历史，有必要先弄清楚这一地区的地理历史。在将近 10 万年的时间里，澳大利亚大陆、塔斯马尼亚岛和新几内亚岛构成了一块单一的大陆：莎湖（Sahul）。不过，这块大陆与亚洲大陆之间一直有着一臂之隔。今天，在这条海洋航线的两侧，陆地上的动植物依然大相径庭。气候的波动延长或缩短了这片海域的"一臂之长"，据估计，在冰川期最寒冷的时候，当海平面处于最低点时，两块大陆之间总是有一片至少 30~40 千米宽的海域。

那么，5 万年前，这里的景观是什么样的呢？最近，研究人员成功地重建了该地区的古代气候，并准确模拟了海域两岸过去 10 万年间的自然景观。研究人员得出了两个结论。第一个结论是，当时，对该地区的一座给定岛屿来说，总能看到附近一座岛屿的最高点。这一结论考虑到了海平面的高度和火山岛山峰的高度。因此，原住民的祖先是从一座岛迁徙到另一座岛，直到最终在澳大利亚登陆。

第二个结论则非常重要：通过重建洋流的强度，研究人员证明，原住民不可能从亚洲大陆的巽他群岛，顺着海水漂流到莎湖大陆的最北岸。因此，澳大利亚大陆最初的移民是划船来到此地的！谁知道呢，或许他们建造了轻帆船？人类定居澳大利亚，是自发航行的最古老的证据！

那么，最初来到澳大利亚的人多吗？想象一下，人们以远处的山顶为目标，出发穿越几十千米的海湾。这是少数冒险者的故事吗？实际上，考虑到目前澳大利亚原住民人口的遗传多样性，这并不是少数孤立个体移民的结果，而是足够繁衍和发展的多个庞大群体集体移民的结果，他们在澳大利亚创造了新的人口群体，并延续至今。因此，从远古开始，人们就能够有效地组织起来，成功实施集体跨海行动。

种群隔离

根据对当时的海洋环境的模拟，澳大利亚的人类定居应该是从莎湖陆棚（今天的新几内亚岛）的北部开始的，然后沿着古莎湖大陆的东西海岸向南迁移。以前，新几内亚岛和澳大利亚大陆属于一个单一的大陆，直到9 000年前，全球变暖导致海平面上升，两座岛屿彼此分离。这一事件标志着人类迁徙的结束。因此，基因数据显示，新几内亚岛居民的基因混入澳大利亚居民基因的痕迹都来自这个时间之前。关于亚洲大陆居民的基因混入巴布亚人基因的最后时间，还没有被准确地估计出

征服的精神

来，因为不同的研究得出的结论不尽相同。无论如何，这些基因混合的比例数值都很低：无论是新几内亚岛的巴布亚人，还是澳大利亚的原住民，这两个群体长期以来一直与世界其他地区的人类隔绝。从这个意义上说，在澳大利亚大陆的范围内，这是一个人类群体长期逐渐占据领土的案例。

实际上，在澳大利亚大陆的内部，这种种群隔离也有迹可循。大陆北部和南部、东部和西部的种群之间也存在着明显的基因差异。有两种现象可以解释这些强烈的基因差异（这种差异也是种群间迁徙交流程度很低的标志），且这两种现象可能是同时存在的。

首先是地理上的影响：在可以追溯到 2 万年前的末次冰盛期，澳大利亚的气候变得寒冷和干燥，因此中部的沙漠限制了不同人口之间的交流。

其次，众所周知，澳大利亚原住民对领地有着强烈的依恋，他们的艺术作品（尤其是画作）和神话几乎完全集中在对土地的象征性表现上就证明了这一点。原住民还制定了一套极其复杂的婚姻规则，人类学家甚至认为这是世界上最复杂的婚配系统，数学家也对其产生了兴趣。这些亲属关系的规则也限制了远距离种群之间的交流。

然而，有一点值得思考：似乎很难想象，长期以来的亲属关系规则和神话在过去的几千年里一直保持不变。有朝一日，我们是否能从原住民的基因组中，破解他们在岛内迁徙的历史呢？有一个因素让这个任务难以实现：澳大利亚原住民总是被迫流离失所。因此，想要精确分析澳大利亚原住民的迁徙过程，似乎相当困难。

北方的定居者

人类在大约 6 万~5 万年前抵达了大洋洲。他们是第一批踏上这些偏远岛屿的双足行走的生物吗？并不是。至少在 3 个地方，现代人的远亲更早抵达，他们属于现已灭绝的一个人类支系。2018 年，在菲律宾北部的卡林阿地区出土了远古人类制造的物品，以及带有切割痕迹的动物骨骼。这些远古人类活跃的痕迹大约距今 70 万年。2019 年，还是在菲律宾，在卡亚俄洞穴出土了 13 具化石遗骸，他们被确定为新的物种，命名为吕宋人，年代为 6.7 万~5 万年前，我在前文提到过这个物种。

关于吕宋人，虽然目前只发现了少数遗骸，但古生物学家在弗洛勒斯岛上却收获颇丰。弗洛勒斯岛位于太平洋上，是东南亚最东边的岛屿之一，距离大陆 300 多千米。在这座小岛上，有人类谱系长期生活的痕迹，时间大约在距今 70 万年至 6 万到 4 万年。我在前文提到过这些小个子原始人。最初，他们被认为是一种携带遗传疾病的智人。随后，大量具有相似特征的化石出土，人们不得不改变原有的设想——不可能一个种群中所有的个体都生病了！事实上，后来的形态学分析表明，他们更接近于直立人，是来自亚洲大陆的直立人的后裔。因为长期生活在这座与世隔绝的小岛之上，他们演化出了更加矮小的外形，这就是所谓的岛屿侏儒症。

此外，目前生活在弗洛勒斯岛上的人类，身材也很矮小：平均身高只有 1.45 米。然而，对当今弗洛勒斯人的基因组的研究表明，他们不是史前弗洛勒斯人的后代。像这个地区的所有人群一样，他们的体内有丹尼索瓦人和尼安德特人的 DNA 痕迹，但没有任何其他古代物种的 DNA 痕迹。至于弗洛勒斯人的化石遗骸，不幸的是，由于热带地区不利于遗传物质的保存，至今还没有团队能够从中提取到任何 DNA。

非洲俾格米人的祖先

就在澳大利亚原住民的祖先抵达大洋洲的时候,在一个遥远之地,也就是诞生了现代人的非洲大陆之上,一些狩猎采集者也开始与其他的非洲人口"分道扬镳",他们就是俾格米人的祖先。我对这个群体特别了解,因为我主导过多个关于他们的研究项目。遗传学家和民族学家之所以对俾格米人兴致盎然,是因为俾格米人践行的生活方式濒临消亡,这种生活方式对了解人类的演化至关重要。

事实上,从现代人出现到距今 1 万年的时间里,也就是在我们现代人演化的大部分时间里,我们的生活方式都与俾格米人的很相似:靠打猎、捕鱼和采集为生。俾格米人和其他至今仍然存在的狩猎采集群体一样,当然不是我们祖先的翻版。但俾格米人确实为理解我们过去的生活方式提供了参考,这就是我在 2011 年决定飞往中非地区的原因之一。

从喀麦隆首都雅温得出发，开着越野车在灌木丛中穿行几个小时，我终于来到了一个遍地小茅屋的村庄。这里是蒂卡尔人的家园，蒂卡尔人是喀麦隆的民族之一。俾格米人生活在这个地区，有着自己独特的历史。我和一位同事一起来到这里，为的是一次"回访"任务，也就是来报告我们几年来对中非地区俾格米人的研究结果。在之前的几天里，我们已经以座谈会的形式在雅温得介绍了主要的研究成果。现在我们来到了田野当中，拜访了一些俾格米人的村庄，3 年前我的同事为了给当地人采样到访过这些村庄。

荷马的赋名

我们在说到俾格米人时，究竟指的是哪些人呢？事实上，俾格米人指的是一组相当分散的人口群体，他们或多或少地保留了传统的狩猎采集的生活方式。目前至少有 15 个不同的俾格米人种群，分布在从加蓬、喀麦隆、刚果民主共和国、中非到乌干达的一条狭长地带上。俾格米人有一个共同的表型特征：身材矮小。在大多数俾格米人种群中，男性平均身高1.50 米，女性平均身高 1.45 米。《奥德赛》(Odyssée)的作者荷马（Homère）将这些种群统合在一起，用一个意味着"一肘长"的术语来称呼他们，也就是"俾格米"[1]。因此，严格意义

---

[1] "俾格米"是古希腊的长度单位，指的是从肘部到中指端的距离，约 0.5米。——译注

上来说，并不存在"俾格米人"这个种群：这些小个子种群会用不同的方式称呼彼此，如科拉（Kola）、邦戈（Bongo）、阿卡（Aka）和巴卡（Baka）等。

追溯这些狩猎采集群体的历史是很困难的，因为他们没有书面记录的传统。一些语言学家认为，或许可以通过语言来考察俾格米人的历史。可是，语言学家的研究表明，每一个俾格米人种群说的都是一种特定的民族语言，不存在统一的"俾格米语"。事实上，每个俾格米人种群所讲的语言往往接近于邻近的非俾格米人的语言。不过，通过技术上的比较，例如比较非洲西部和东部的俾格米人的狩猎活动，我们发现了一些共同的基本要素。这是古代俾格米人语言的遗迹吗？这是这些人群共同起源的证据吗？

我们的研究项目旨在通过遗传学更好地了解不同的俾格米人群体及其历史……这意味着我们要穿越整个中非地区，以便给尽可能多的个体采样。幸运的是，虽然遗传学是最近才出现的新学科，但其他科学学科已经研究俾格米人几十年了，其他学科的研究人员已经为我们推开了了解这些人群的大门，特别是在人类博物馆实验室工作的民族学家同事。

民族学家为我们指出了俾格米人几个令人惊讶的特征。首先，俾格米人中并不存在"领袖"，他们采取的是一种基于狩猎产品再分配的平等主义制度。这种平等的原则也反映在男女分工上——父亲在照顾孩子方面的投入也非常多。这是我们重访俾格米村庄时，让我印象深刻的时刻之一：一天下午，我们来到村里，看到男人们坐在一条长凳上，怀里抱着孩子，而在更远的地方，一群女人聚在一起，抽着烟聊天。

医师与巫师

俾格米人的另一个特点是对热带雨林非常了解。他们集体狩猎，女性也会参加（狩猎大象时只有男性可以参加），单独或集体捕鱼。通过狩猎和采集，雨林为俾格米人提供了大部分食物，尽管从两三个世纪前开始，这些狩猎采集者一直在与从事农业生产的非俾格米人交换食物产品（栽培的淀粉类食物）。

另一个值得注意的地方是俾格米人与同一生态系统中的非俾格米人的重要交流，包括经济上的（用林产品换取铁器或陶器，甚至是农产品）和社会上的（仪式交流、联合祭拜等）。语言上的相似性反映了这些社会联系。相比之下，俾格米人与邻近人口的通婚情况却很罕见。最后，民族学家还告诉我们，该地区的其他居民认为，俾格米人是出色的医师和巫师，他们知道许多植物的药用价值。

继民族学家之后，遗传学家登场了。基于既有的知识和技术，我设计了一个项目，让民族学家和遗传学家得以相互配合。我的一名学生（也是一名遗传学家）在民族学家的陪同下，前往田野取样，然后带回实验室分析。这是一场"硬仗"——读者们可以想象天气条件恶劣、交通困难和某些地方令人担心的安全问题——但这名学生（现在是我的同事了）还是设法带回了超过 6 个俾格米人群体的遗传学样本。对于每一个俾格米人种群，他都设法从多个族群中取得了 DNA。这次的取样十分全面，还可以被用于俾格米人种群历史之外的许多其他分析。

回到巴黎，便是开展基因分析了。这些采样提供了什么信息？首先，我们能够证明，这些俾格米人群体拥有共同的起源。大约 6 万年前，他们的共同祖先与其他的人口群体分离，后者的后裔就是现在的其他村民。然后，在大约 2 万年前，俾格米人开始向非洲西部和东部两个方向独立发展，开拓自己的道路。关于"分别"原因的一个假设是气候因素：当时，随着非洲变得更加干燥，赤道森林逐渐"支离破碎"，这些人口群体也开始"四分五裂"。

从遗传学的角度来看，自那一刻起，东非和西非之间的交流变得十分罕见。这个结果相当令人惊讶，因为东非和西非的俾格米人在狩猎采集技术，甚至在音乐方面都有很多相似之处。这两个群体是如何做到在文化上如此接近，在基因上如此不同的呢？事实上，正如我在后文中会提到的，遗传学和文化之间"脱钩"的现象并不罕见：巨大的基因差异可能与文化相似性有关，或者完全相反。但我们该如何解释俾格米人的这段奇特历史呢？大约 2 万年前，他们的狩猎和捕鱼技术可能已经发展得很成熟了，因此之后并没有发生什么变化。若有变化，除非后来东非和西非的俾格米人有技术层面上的交流，否则无法解释文化上的相似性，可是如果有交流，怎么会没有通婚现象呢？

遗传学惊奇

　　这种对俾格米人种群部分历史的重建，只有通过遗传学才能实现。原因很简单：一方面，古代的俾格米人没有留下任何文字记录或遗迹；另一方面，赤道森林中的酸性土壤无法保存任何远古骸骨。此外，科学能够帮助我们理解狩猎采集者的生活方式如何影响人口的遗传多样性。其中一个引人注目的研究结果是，这些俾格米人种群之间的基因差异比农耕人口种群之间的基因差异大得多。因此，两个俾格米人种群之间的基因差异，要比欧洲和亚洲大陆上的两个种群之间的基因差异大得多！

　　事实上，这种奇怪的现象反映了一个事实，即俾格米人中的基本单位，也就是所谓"繁殖群体"，是小规模的。每个俾格米"村庄"或者"宿营地"包含200~300名成年个体。此外，不同的俾格米人口群体之间很少通婚。然而，当一个种群规模很小的时候，它会通过遗传漂变的影响迅速演化。也就是说，由于偶然性，基因变异的频率会在两代之间迅速变化。

　　例如，在一个小规模群体中，如果一个遗传变异只由一两个个体携带，那么它能否在下一代被发现及被发现的频率直接取决于个体的存活率，以及携带该变异的个体有多少个孩子，然后再取决于每个染色体的遗传概率。相反，在一个规模较大的群体中，具有相同频率的变异被更多的个体携带，可能影响个体的有害遗传通过这种方式得到了补偿。换句话说，基因突变的频率在代与代之间的变化不大。

这种由遗传漂变导致的演化在小种群中更明显，并导致小种群之间出现基因差异：每个种群都在随机演化，变得与其他种群不同。因此，小种群之间分化的速度往往比大种群之间的分化速度更快（当然，大种群之间的大规模移居可以弥补这种趋势）。然而，从对俾格米人种群的分析来看，我们可以推断他们之间的基因交流相对较少。这些结果相当令人惊讶：即使俾格米人有着相当广阔的狩猎采集区域（大约为 50 千米 × 50 千米），他们的繁殖区域在地理上仍然是非常局域化的。基因数据表明，一般来说，孩子们会生活在父母居住地的 10~15 千米的范围内。

杰出的音乐家

基因数据提供了关于这些种群的人口规模、交流水平和交流模式的信息。但这些还不是全部：除了用来了解俾格米人，这些细致的研究还可以作为参考，用来了解世界各地旧石器时代的狩猎采集人群的生活方式。

但这并不意味着，俾格米人从很久之前起就不再继续发展了。就像其他人类群体一样，从旧石器时代起，他们在基因和文化上持续演化着。俾格米人最了不起的是优秀的音乐传统，他们拥有高超的歌唱技术，能够演绎极其复杂的音乐曲目。特别是，俾格米人能完美掌握"对位法"[1] 的技巧，这种技巧曾经

[1] 对位法是在音乐创作中使两条或者更多条相互独立的旋律同时发声并且彼此融洽的技术。——译注

被约翰·塞巴斯蒂安·巴赫（Johann Sebastian Bach）发展到了极致。在发现俾格米人的音乐水平之前，这种技巧曾经被认为是欧洲音乐的最高水准！

对于俾格米人音乐水平的研究可以追溯到 20 世纪 70 年代，当时，依然有人认可"社会进化论"的线性观点，认为社会的发展是从"进化程度最低"到"进化程度最高"的。进化程度最低的，是狩猎采集者所生活的原始部落，而进化程度最高的……当然就是建立起国家的文明社会！在中间的阶段，农民或者牧民会在酋长的领导下联合成一个部落。然而，就俾格米人而言，似乎一个社会可以在某一领域（如现代技术）不太先进，但在其他领域更加先进——对俾格米人来说是音乐。换句话说，并不存在"一个社会比另一个社会更加进步"的情况，不同的社会是按照不同的路径发展的。

目前，地球上只剩下很少的狩猎采集人口。除了澳大利亚的原住民和中非地区的俾格米人，还有生活在南非地区、主要说搭嘴音语言的科伊桑人，还有格陵兰岛和北极地区的因纽特人，以及亚洲的尼格利陀人。总的来说，这些人口种群退居畜牧业人口和农业人口留给他们的生存空间：这些个体在某种程度上被推到了地球的角落，显示了我们人类这一物种对极其不同的环境的非凡适应性。

为了在极端的环境中生活，人类不仅发展了技术能力，而且在生物学层面上做了调整。例如，对澳大利亚原住民基因组的选择分析表明，演化选择了涉及血清尿酸盐水平的基因，这可能是适应脱水的标志；演化还选择了涉及甲状腺系统的基因，这是适应寒冷沙漠的结果。同样，在非洲西南部的狩猎采集者科伊桑人之中，基因组分析揭示出了涉及形态、骨骼发育和新陈代谢的基因的适应性。

在中非地区的俾格米人中，身材矮小是对热带雨林生活的一种适应，但我们还不知道涉及其中的所有基因。虽然已经发现了一些与身材矮小有关的罕见基因，但仍有大量的相关基因有待发现。除了这些在某种程度上针对世界各个地区的独特适应性，狩猎采集群体都具有涉及免疫系统的基因突变：每个群体都必须适应生活环境中的一系列病原体。此外，继承自尼安德特人，并在我们的基因组中保存下来的少数基因中，也有几个与免疫系统有关。

{ *4万年前* }

HOMO SAPIENS ARRIVE
EN EUROPE

在欧洲发现的最古老的现代人类化石是一些发现于意大利的牙齿，可以追溯到4万年前，最初被认为是尼安德特人的，随后被认定属于现代人。这些牙齿出土于格罗塔德尔卡瓦洛洞穴（Grotta del Cavallo）。人们还在罗马尼亚的欧亚瑟洞穴（Peștera cu Oase，字面意思是"骨头洞穴"）遗址中发现了一些4万年前至3.5万年前的人类骸骨。在法国，最古老的人类遗骸出土于多尔多涅省的克罗马侬遗址（Cro-Magnon，"Cro"在奥克语[1]中是"洞穴"的意思），这处遗址是一座石窟，距今2.8万~3万年。

---

[1] 奥克语是印欧语系罗曼语族的一种语言，主要通行于法国南部的奥克西塔尼亚地区（特别是普罗旺斯及卢瓦尔河以南）、意大利的奥克山谷、摩纳哥及西班牙加泰罗尼亚的阿兰山谷。——译注

与当时地球上其他地方的人类一样，这些早期的欧洲人也是狩猎采集者。就像在7万多年前的非洲一样，第一批欧洲人发展出了一种符号文化，创造了非凡的壁画艺术，并制作了非常精致的物品。来自史前时代的精美艺术品之一、著名的《莱斯皮格的维纳斯》（Vénus de Lespugue）具有丰满和圆润的曲线造型，虽然可以追溯到2.3万年前，但看起来却特别"现代"。我一直认为，生活在如此久远时代的人类制造的艺术品能够打动今人，是非常了不起的。就好像即使时光流逝，我们依然共享同样的审美品位。

小规模群体

那么，这些史前人类是什么样的？首先，他们有多少人？近年来，人们在充分考察史前遗址的同时，还对来自远古的DNA做了大量研究。得益于温和的气候条件，欧洲算得上是古遗传学家研究古代DNA的最美"游乐园"之一（高温会破坏DNA分子）。这些研究并没有颠覆史前史学家已经熟知的欧洲定居史，但为我们了解早期欧洲人的生活提供了宝贵的见解，特别是他们以"小群"的形式在大草原上游荡生活的事实。

事实上，我们现在已经有足够多的DNA数据来估算这些种群之间的基因差异水平。而得出的结果引人遐思：西欧人口的DNA与东欧人口的DNA大相径庭。这个结果有点出乎意料，因为整个欧洲大陆普遍存在着某种文化上的同质性。例如，早在 3 万年前，人形小雕像就已经遍布欧洲。这种文化相近和基因相远之间的悖论是否让你想起了什么？没错，俾格米人也分成了两个亚群，他们的狩猎习惯相似，但基因组却截然不同。

这种对照关系已经得到了量化：如果我们将第一批欧洲人口之间的遗传差距与目前在同一地理范围内的大多数人口之间存在的遗传差距相比，这一差异当然很大，但前者与在狩猎采集人口之间发现的差距程度相同。我们可以由此推断，第一批欧洲人的社会组织与如今依然存在的狩猎采集群体相似：他们以几十人为一组的小团体形式群居，从婚配关系的角度来说，他们的总人口只有几百个男男女女。不过，这并不意味着狩猎的机动性降低。

重现第一批欧洲人的肖像

虽然可以根据这些早期欧洲人的骸骨来描述他们的体态，但骨骼显然无法给出关于外貌的任何信息。他们的肤色是什么样的？他们的眼睛是什么颜色的？头发是什么颜色的？在诸如《火之战》(*La guerre du feu*)[1] 的电影或者纪录片中，这些最初的欧洲现代人总是被呈现为白人。现在好了，编剧必须得修改剧本了，因为伦敦自然历史博物馆的研究人员发现，即使是在这些远古欧洲人历史的晚期阶段，他们也依然是黑皮肤蓝眼睛的！

---

[1] 由让-雅克·阿诺（Jean-Jacques Annaud）执导，1981 年 12 月在法国上映。故事发生在 8 万年前的旧石器时代的欧洲，情节围绕着早期人类为获得火种而不懈努力展开。——编注

这一发现在 2018 年成了头条新闻。科学家研究了切达人（Cheddar Man）的 DNA，这具遗骸是英国最完整、最古老的骨骼（如今陈列在博物馆的展示柜中），最终得出了这一结论。但科学家是如何从 DNA 中推断出这个结果的呢？事实上，皮肤颜色主要取决于人体内黑色素的数量，黑色素是存在于表皮细胞中的一种色素。富含黑色素的深色皮肤更适合阳光充足的环境，而浅色肤色则更适合光线不那么强烈的高纬度地区。这是为什么呢？因为黑色素可以抵御紫外线，而紫外线会破坏叶酸，叶酸又是细胞分裂过程中所必需的营养物质，在胚胎发育（神经系统的构建）和精子生成的过程中发挥着重要作用。因此，在艳阳高照的地区，深色皮肤更有优势，因为黑色素可以阻挡大部分的紫外线 A 段（UVA，最常见的紫外线类型）。反过来，在高纬度地区拥有白皙肤色则具有另外一种优势：它可以让紫外线 B 段（UVB）更深入地渗透到皮肤中，催化维生素 D 的产生。如果人体内缺乏足够其新陈代谢的维生素 D，则有罹患佝偻病的风险。毫不意外地，我们身体的这两个基本需求（保护自己不受紫外线 A 段影响和产生维生素 D）解释了为什么如今地球上不同肤色的人种是依照光照强度分布的。

适应光照

自从现代人在非洲诞生以来，我们这个物种的大部分演化史是在各种不同的环境中展开的，但无论是在热带还是在亚热带气候下，都是在阳光充足的地区。因此，最早出现在非洲的现代人是黑皮肤的。在目前非洲人的基因组中发现了这种对阳光的适应性，最早可以追溯到大约120万年前。一般认为，在那个时候，保护我们不受太阳伤害的全身毛发已经褪去了。

然后，当早期现代人在欧洲定居的时候，他们遇到了阳光不那么充足的环境，随后自然选择了能使皮肤颜色变浅的突变。根据目前的估计，大约有150个基因参与了黑色素的产生，现在已经确定了几个能够解释部分肤色差异的基因（除了棕褐色皮肤）。基于当前对欧洲人口的研究，我们可以尝试推测早期欧洲人的肤色，但这种做法有其局限性：不排除这些原始人携带了涉及目前人口中不存在的肤色的遗传变异。然而，有两个已知的基因被认为对欧洲人的浅色皮肤有着重大影响：*SLC24A5*和*SLC45A2*。

不到一打的古人类遗骸（分别来自意大利的维拉布鲁纳和捷克共和国的下维斯特尼采）提供了质量足够好的DNA来寻找这些基因的变异。基于这些研究，我们已经可以确定，最早的西欧人是黑皮肤的，这也是意料之中的事情，因为我们毕竟来自非洲……但后来发生了什么呢？

在研究原始人的DNA之前，人们一直认为，这些来自非洲的现代人一来到欧洲，就出现了关于浅色皮肤的自然选择。然而，伦敦自然历史博物馆的研究人员表明，直到史前晚期，欧洲现代人都是深色皮肤。确实，切达人生活在9 100年前（与欧洲大陆其他地区相比，人类在英格兰定居的时间非常晚）。因此，直到那个时候，一些欧洲人的皮肤颜色还是很黑的。而这种深色皮肤最晚可以追溯到 5 700 年前，证据来自一种由桦树树脂制成的"口香糖"，其中含有一位丹麦女性的 DNA。

眼睛颜色之谜

古遗传学家并没有止步于皮肤的颜色，他们能够通过观察一种叫作 HERC2 基因的遗传变异来部分地确定眼睛的颜色，这种基因的变异决定了蓝眼睛的出现。一个明确的结论是：早期的欧洲人都是蓝眼睛。这种突变大约出现在 4 万年前。简而言之，黑皮肤和蓝眼睛就是早期欧洲人的外貌特征。对今天的欧洲人来说，这真是一个相当非典型的特征组合——我们恐怕只有在杂志封面上才会看到这种模样的模特！

然而，如果认为欧洲的所有早期居民都有着相同的外表，那就错了。在整个欧洲大陆的范围内，向浅色皮肤的过渡并不是同步发生的。据估计，使皮肤颜色变浅的两种突变之一出现在大约 2.9 万年前，可能是在东欧或中东，远早于黑皮肤的切达人；要想更好地确定突变涉及的地理区域，还需要进一步的研究。

因此，即使在旧石器时代末期，即距今 9 000 年至 6 000 年，西欧人和东欧人仍然存在差异。西欧人是黑皮肤、蓝眼睛；而东欧人，比如出土于芬兰以南、俄罗斯卡累利阿共和国的一具人类遗骸携带两种浅肤色基因之一，以及一种深肤色基因。这个人生前应该具有不太黑也不太白的肤色，以及棕色的眼睛。同样，乌拉尔草原上的萨马拉人 [1] 也有着蓝眼睛和白皮肤，或许还有一头金发。总之，东欧的狩猎采集者的皮肤颜色会比他们在西欧的表亲更浅。

古人吃点儿啥

如何解释这些空间上的差异呢？事实上，影响皮肤颜色的不仅是阳光，还有饮食。例如，今天的因纽特人生活在极北地区，我们可能觉得他们的肤色应该会很浅，但事实上，他们的肤色相对较黑。这一现象的原因是，因纽特人从海产品中摄取了大量的维生素 D（他们尤其喜欢食用海洋哺乳动物），因此不需要拥有浅色的皮肤来合成维生素 D。

同样，早期欧洲人的饮食中也含有丰富的维生素 D，来自鱼油、海洋哺乳动物肉和驯鹿肉。最终，当饮食中的维生素 D 含量变得不那么丰富时，浅色皮肤的"竞争力"才开始崭露头角。有人认为，直到 1.5 万年前至 1 万年前，这种情况才出现。要知道，一般来说，在选择压力开始出现和相应的遗传性状的可检测频率增高之间，总是存在着一个明显的时间滞后。因此，"肤色竞赛"可能早就开始了。

---

[1] 萨马拉人活跃在公元前 5000 年左右，生活在伏尔加河上游的萨马拉河弯地区。——译注

如果我们在 1 万年前的欧洲旅行，会遇到外貌各异的人，包括红头发的人。我们才刚刚开始了解这种发色的历史，即使它仍然很少见，但总是令人着迷。红色的毛发也是因为我前面提到的体内色素。黑色素不仅与肤色有关，还与头发和眼睛的颜色有关。存在着两种形式的黑色素：真黑素（eumelanin），它的数量的多少会影响肤色的深浅；嗜黑色素（pheomelanin），它会导致从黄色到红色的变化。

　　黑头发的人体内会有更多的真黑素，而金发或红发的人体内则主要含有嗜黑色素。也恰恰是以小颗粒形式存在于皮肤中的嗜黑色素会导致雀斑。雀斑基本上是由一个基因编码的，即 *MC1R* 基因。据估计，使现代人拥有红发的突变出现在 10 万年前至 5 万年前。

　　有人认为，现代人的红发可能是通过与尼安德特人的杂交遗传到的，因为在两个尼安德特人的 DNA 中，发现了一种 *MC1R* 基因，表明他有着红色头发。然而，这种基因与现在的红发人的突变不一样，而是 *MC1R* 基因的另一种形式。此外，在尼安德特人所有被分析的 DNA 中，只在一个尼安德特人身上发现了这种变异。所以，下结论要谨慎！

　　那么，我们可以推断尼安德特人的肤色吗？这项工作很棘手。我们只知道能够解释当代人口肤色差异的基因变异。然而，我们已经看到，相同的表型往往涉及不同的基因突变。例如，目前的欧洲人和亚洲人的肤色都较浅，但导致这种现象的是不同的突变。

因此，不排除过去可能存在对人类表型产生影响的其他突变。在与现代人类肤色有关的已知基因突变中，与欧洲人或亚洲人的浅肤色相关的大多数突变是现代人独有的，因为这些突变都太新了，不可能是由尼安德特人携带的。那些在非洲人身上发现的，与或深或浅的肤色相关的更加古老的基因突变，则也存在于尼安德特人体内。在此基础上，我们只能推断出尼安德特人具有位于黑白中间的皮肤颜色。但是，请注意，尼安德特人很有可能具有属于自己的突变，其对皮肤颜色的影响我们并不知道！

美貌的标志？

为什么史前欧洲会有红色头发的人？除了 *MC1R* 基因的突变赋予了人类较浅的肤色，并因此在生成维生素 D 方面提供了优势，很难想象为什么自然选择偏爱这种头发颜色。蓝色眼睛的出现也是同理，除非它们是作为性吸引的证据出现的。早在 1881 年，达尔文在他的《人类的由来及性选择》（*The Descent of Man and Selection Relation to Sex*）一书中，就提出了一个替代自然选择的理论，来解释某些鸟类色彩斑斓的羽毛。事实上，如果你看一看雄性孔雀，会发现它华丽的羽毛颜色非常醒目，没有什么比这更能向捕食者暴露自己位置的了！非但如此，这华丽的羽毛甚至没有让雄性孔雀更会飞……那么，如何解释这种演化的悖论呢？

对达尔文和现代生物学家来说，解释来自伴侣的选择：在孔雀群体中，雌性孔雀更喜欢拥有漂亮羽毛的雄性孔雀。这种特性在生存方面导致的劣势通过对于吸引雌性孔雀的性优势得到了补偿。从表面上看，这一理论是成立的，只是它提出了一个新的问题：为什么雌性孔雀会倾向于选择这些长得更漂亮，但是自保能力更差的雄性孔雀？

有两个非排他性的假设解释了这种选择。第一种假设很简单：偏爱最漂亮的雄孔雀的雌性孔雀，其后代中会有羽毛更漂亮的雄性孔雀，而这些雄性孔雀又会被下一代的雌性孔雀选择，从而更好地繁衍下去。另一个假说，即所谓的不利条件原理，是指长着漂亮长羽毛的雄性孔雀之所以能够活到成年，是因为它们具有良好的基因，至少足以弥补长羽毛带来的生存障碍。于是，选择这种雄性孔雀，雌性孔雀将确保后代有一组"有前途"的遗传基因。

至于发生在人类身上的事情嘛……无论如何，某些影响外观的特征的演化偏好依然是一个合理的假设。这个假设可以很好地解释红头发或蓝眼睛的出现——它们只是更能吸引异性的特征。因此，在一代又一代的繁衍中，这些特征出现的频率逐渐增高，但其对种族的发展并没有什么真正的益处。

这种性偏好原则也可以解释某些我们很难设想出优势的特征。比如，在欧洲人中常见的络腮胡，以及亚洲人中常见的单眼皮。当然，也不排除现代人和尼安德特人的结合同样是这种吸引力偏好的结果：尼安德特先生的外貌很可能吸引了现代人女士！

现代人在亚洲

当一些现代人开始在欧洲"安营扎寨"的时候，另外一些现代人正朝着亚洲大陆进发。但在详述这场新的冒险之前，考古学提醒我们，有必要回顾一下过去。考古学家已经发现了一些化石遗骸，可以追溯到比4万年前出现的现代人还要古老的年代：在中国云南的富源大河旧石器遗址发现的现代人遗骸可以追溯到12万年前至8万年前，在老挝出土的一些遗骸可以追溯到6万年前，而在苏门答腊岛发现的一些遗骸可以追溯到7.3万年前至6.3万年前。这就是这些化石告诉我们的。那么遗传学怎么说？这就是问题所在，因为它讲述了一个完全不同的故事。

迫使我们改写考古学结论的第一个因素是，今天亚洲大陆的居民在基因上比澳大利亚人更接近欧洲人，而欧洲人本身就是现代人走出非洲后向东方首次迁移的结果。有了这些DNA数据，我们可以确定，澳大利亚人和欧亚人之间的基因分化大约发生在 6 万年前，而亚洲人和欧洲人的基因分化则发生在 4 万年前。

但这并不是全部。古遗传学家还表明，亚洲大陆人体内来自丹尼索瓦人（尼安德特人的表亲）的基因组非常少，而在澳大利亚原住民的基因组中，丹尼索瓦人的基因组数量则可高达 6%。仔细想想，年代断定的不一致和丹尼索瓦人的影响其实都指向了同一个结论：很可能第一批现代人向东进发，在大约 5 万年前抵达了澳大利亚，这些现代人在路上和丹尼索瓦人邂逅并结合；大约 4 万年前，第二批现代人朝着亚洲大陆前进。

没有后代

就古人类的遗骸而言，"4 万年前"这个时间是非常"晚"的，但很有可能这些古人类并没有留下能够繁衍至今的后人。让我举个欧洲境内的例子，我们知道在罗马尼亚的欧亚瑟洞穴（"骨头洞穴"）中发现了一些人类遗骸，但在如今的人类群体中，找不到他们的后代。不排除那些古老的亚洲现代人遗骸也遭遇了同样的命运。我们能够在未来的某一天确定这一点吗？迄今为止，从这些遗骸中提取 DNA 的尝试并不成功，而且可能永远不会成功了，因为其中的遗传物质已经严重降解。

让我们总结一下。现代人经过两个批次的迁徙，才从中东出发，遍布全球。概而述之，在向澳大利亚迁徙的第一次移民浪潮之后，过了几万年，另一次向他处迁徙的呼声才响起，有些人走北线到了欧洲，有些人则走东线到了亚洲。两具遗骸证明了这种设想：出土于中国的田园洞人遗骸（4.2万年前至3.9万年前）在遗传学上明确地属于亚洲分支，而在俄罗斯的科斯滕基村发现的几乎同时期的遗骸（3.9万年前至3.5万年前）则属于欧洲分支。应该指出的是，所谓西方和东方之间显然从来没有一条明确的边界。以独立的两个分支分别表示"亚洲人"和"欧洲人"实际上只是一种简化，并没有考虑在亚欧大陆之间的移民，而这种移民的存在已经得到了证实。

现代人是沿着哪条路线来到亚洲的？中亚地区对理解这段人类定居史来说至关重要。2001年，对这一地区的首次遗传学研究开始，这次研究仅基于基因组的几个部分，即Y染色体，并提出了这样一个假设：中亚是一个来源区，现代人从这里出发，迁徙到西欧和东亚。即在走出非洲之后，现代人的一个分支会从中东直接来到中亚，然后再扩散到欧洲和亚洲。然而，另一项基于线粒体DNA的研究则提出了相反的观点，即中亚是一个汇合点，来自西欧和东欧的人口在此汇聚。哪个理论才是对的呢？

中亚的田野调查

为了回答这个问题，我设计了研究项目，组织了长期的田野研究计划。像大多数对人类历史有着浓厚兴趣的人一样，我也一直对中亚着迷。这是一个繁荣兴旺的地区，过去与现在的影响在此交汇。从古人类学的视角看，这里有尼安德特人的遗骸［在特什克·塔什洞穴（Teshik-Tash）］，还有旧石器时代现代人的遗骸［出土于欧比·拉赫玛特洞穴（Obi-Rakhmat Grotto）］。如今，讲突厥语族的游牧民族与讲印度-伊朗语的农耕民族杂居在一起。

你只需去这一地区内的市场上逛逛，就能看到当地人外表上的丰富多样性。有的人具有亚洲人的外貌特征，与蒙古人非常相似，还有的人看起来更像伊朗人。这个地区汇集了乌兹别克人、卡拉卡尔帕克人、吉尔吉斯人、土库曼人和哈萨克人，他们生活在土库曼斯坦、吉尔吉斯斯坦、塔吉克斯坦、哈萨克斯坦和乌兹别克斯坦5个国家中。

碰巧的是，我的所有田野调查都是在乌兹别克斯坦科学院的协作下完成的。在第一次和科学院的主席见面时，他就表示很高兴能够支持一个可以提供关于这一地区历史的扎实科学知识项目。

在一次访问科学院的过程中，我还遇到了一位对我的研究至关重要的人。那是2000年的圣诞节，我趁着假期登上了飞往乌兹别克斯坦首都塔什干的飞机，想碰碰运气，看看是否能和遗传学家鲁斯兰·罗济巴基耶夫（Ruslan Ruzibakiev）见面，我在一份电子刊物中看到了他的名字和地址。幸运女神眷顾了我：秘书告诉我他恰好在，并且向他转达了我的这次临时来访。鲁斯兰很快就接待了我，更幸运的是，他会说英语。我向鲁斯兰介绍了我的项目：从文化多样性的角度探索中亚地区的遗传多样性。

鲁斯兰此前和一位美国的研究人员合作过，这就是为什么我能在学术期刊上找到他的名字。鲁斯兰知道可以利用当前的基因数据来追溯人口的历史，同时似乎对我直接从巴黎飞来找他的大胆颇感惊喜，他也是一位愿意帮助和鼓励年轻研究人员的教授。聊着聊着，鲁斯兰打电话叫来了他的学生，一位刚毕业的才华横溢的博士。我看到一位韩裔女子向我走来，双眼明亮有神，她就是塔季扬娜·埃盖（Tatyana Hegay）。在我之后的研究生涯中，塔季扬娜无可替代，为我打开了通往中亚的大门。多亏了塔季扬娜高效的工作、与当地居民的良好关系、对项目的巨大投入，她成了我在中亚地区每个田野项目中的得力帮手，也成了我的朋友。

通过遗传学追踪一个地区的人类定居史，需要考虑到既有种族群体的多样性。因此，我和同事们一起计划了几次采样调查。我们计划从中亚最西边的地区开始：紧邻咸海的卡拉卡尔帕克斯坦共和国 [1]。巨大的盐水湖让这里的土地干旱且荒凉，此地之所以吸引了我们的注意，是因为在这片相对较小的土地上混居着各种各样的民族：有卡拉卡尔帕克人，这是一个传统的游牧民族，他们利用芦苇来建造牲口圈和蒙古包；还有哈萨克人、乌兹别克人和更南边的土库曼人，他们主要饲养绵羊和骆驼。

---

[1] 乌兹别克斯坦境内的自治共和国。——编注

伊甸园

接下来，我们前往了中亚东部的吉尔吉斯斯坦。这里与卡拉卡尔帕克斯坦共和国截然相反，是一个青山绿水的国度。夏天，牧民带着蒙古包到山上的牧场去放牧，他们主要饲养马匹，既用于骑乘，也用于食用和发酵乳制品。我们还去了乌兹别克斯坦的中部，考察了撒马尔罕和布哈拉的绿洲；以及最东边的费尔干纳盆地，那是一个遍地鲜花与水果的地方，很像细密画中的天堂花园。我们在塔吉克斯坦为塔吉克人采样，彼时这个国家刚刚从内战中恢复过来。在每次田野调查中，我都找机会让学生参与其中，他们中有一些人后来也"迷恋"上了田野调查，成为研究者，作为出色的遗传人类学家独挑大梁。此外，在每一个所到之处，我们都得到了民族学家的帮助，寻找到了具有民族同质性群体的地点。

有了初步的调查结果，我们立即考察了中亚这一地区在现代人的欧亚大陆冒险之旅中的地位。它到底是源头还是交汇点？事实上，令我们惊讶的是，我们的数据并不支持这两种假设。相反，数据讲述了一个完全不同的故事：从东到西的定居浪潮。遗憾的是，由于突变率的不确定性，我们无法准确地断定这些迁徙发生的时间。我们可以简单地说，这些迁徙发生在 4.5 万年前至 2.5 万年前。

因此，早在远古时代，中亚地区就有人类生活。但那个时代到底是在欧亚大陆定居化的最初阶段，即大约 4 万年前，还是更晚的大约 2.5 万年前呢？最近，对远古 DNA 的几项研究支持了第一种解释。研究揭示了一具欧洲的遗骸［出土于比利时戈耶特（Goyet）洞穴遗址，距今约 3.5 万年］和亚洲东部旧石器时代的唯一化石（出土于中国的田园洞遗址）的 DNA 之间，有着相当高的遗传相似性。因此，亚洲的现代人可能是欧洲现代人的祖先。我相信，远古 DNA 的新数据将很快揭开这些问题的谜底。

然而，不管发生在哪个时期，我们的研究都表明，发生了一次从亚洲到欧亚大陆西部的大规模迁徙浪潮。一路上，男男女女遇到了喜马拉雅山脉，他们以逆时针方向绕过了它。

我们研究的第二个引人注目的结果是，突厥语族人口（即该地区的游牧民族）与印度-伊朗人（即农耕民族）在基因上是不同的。这些差异可以部分地解释为这些民族在过去 1 万年中反复迁徙。事实上，中亚地区拥有一段来来回回的移民历史，从最早的从东向西迁徙，再到后来的从西向东迁徙，然后又是从东向西。据我所知，在地球上，很少有地方的人口和交流具有如此高的多样性。

真正地发现
美洲

　　长期以来，历史书上都说，是克里斯托弗·哥伦布在 1492 年发现了美洲。这种欧洲中心主义的观点当然已经过时了，而且也应该过时：当这位西班牙航海家在如今的古巴登陆时，岛上已经有美洲印第安人居住了。人们提出了三种理论来解释现代人在美洲大陆的定居。第一种解释基于在北美洲和欧洲发现的史前文物的相似性，认为早期现代人是乘船从欧洲大陆来到美洲的。第二种解释认为现代人是从西伯利亚出发，穿过白令海峡来到美洲的。而第三种解释更加雄心勃勃，认为美洲现代人是来自大洋洲的移民。

　　基因数据为这些假说一锤定音：第一批美洲人来自西伯利亚。最近的研究表明，他们大概在 2 万年前至 1.5 万年前来到美洲。这一迁徙浪潮分为两个阶段。美洲人的祖先首先在今天的白令海峡地区定居下来。事实上，在大约 2 万年前的末次冰盛期，由于温暖的洋流，白令海峡边缘的地带很适宜居住。然后，这些人经阿拉斯加进入了美洲大陆。

此后，关于现代人的南下路线有两种假说：其一是沿着海岸线南下，其二是通过科罗拉多河谷进入北美洲内陆。这一从北美洲发祥的定居浪潮推进得相当快，因为 5 000 年之后，南美洲也出现了人类定居的痕迹。后来，另一些来自西伯利亚的移民在极北地区定居，成了因纽特人的祖先，其范围最远延伸到格陵兰岛。

但是，踏上美洲土地的西伯利亚人，真的是第一次来到美洲大陆的现代人吗？认为存在更古老定居点的假设并非毫无根据，因为考古遗址表明，有更早期的人类生活在这里（但没有留下遗骸）。在巴西的塞拉·达·卡皮瓦拉遗址（Serra da Capivara），出土了距今 2.2 万年的工具，还有一块 4.6 万年前的木炭，这个定年与遗传学的结论并不匹配。

因此，不排除（甚至很有可能）有其他更早的移民，但他们没有留下能通过当今遗传学检测发现的后代。这些人是怎么来到美洲的？也许就像一些研究人员认为的那样，是通过海路，从西非的海岸沿着洋流漂到巴西似乎也是可能的。如今，一些非洲的渔民时不时地也会被带到美洲的海岸……给争论一锤定音的理想方法是找到 2 万年前至 1.5 万年前的人类遗骸。

火地岛之谜

　　一个谜团围绕着南美洲最南端的火地岛。当麦哲伦（Maga-llanes）在1520年抵达这片狂风肆虐的寒冷群岛时，他惊讶地发现居然有人生活在那里：他们是怎么忍受这种在欧洲人看来特别恶劣的环境的？确实，火地岛的居民（瑟尔科南人、雅加人和阿拉卡卢夫人）面对的日常平均温度为5℃。一些种族过着海上游牧的生活，男人们有时会潜入冰冷的海水中采集贝类。在人类博物馆的藏品中，有一些古老的玻璃照片 [1]，这是非常罕见的影像证据，向我们展示了火地岛的原住民穿着非常少的衣服，似乎完全适应了当地恶劣的气候。

　　在麦哲伦抵达此地之后的很长一段时间里，这些原住民依然令人感到好奇，甚至成为20世纪民族学的一个巨大谜团。这些原住民与众不同，似乎不可能将他们与居住在南美洲其他地方的人类联系起来。那么，他们是从哪里来的呢？不幸的是，与欧洲人的接触对他们来说是致命的。大多数原住民都死于从欧洲带来的传染病（如麻疹、肺结核等），他们对这些疾病没有免疫力，而少数的幸存者在20世纪被觊觎他们土地的欧洲殖民者屠杀。

　　多亏了19世纪末从合恩角的考察中带回的一些头发和骸骨，我们与古遗传学家合作的一个项目才能够找出真相。借助

---

[1] 19世纪中叶，摄影技术刚刚兴起，一些摄影师让照片在玻璃上成像，即玻璃照片。——译注

这些头发与骸骨，我们分析了这些人留下来的 DNA。结论可以说既令人失望又令人惊讶：这些部落与其他的美洲印第安人有着相同的起源。事实上，他们的生理结构是适应当地极端环境的结果。这是现代人具有非凡适应性的一个例证。

博托库多人之谜

南美洲还有一个名为博托库多人（Botocudos）的族群，他们生活在巴西东部亚马孙热带雨林的中心，这个族群的起源也笼罩在迷雾之中。该族群的男人和女人都有佩戴插入下唇或耳垂的圆盘的习俗。遗传分析揭示了一个奇怪的结果：他们的 DNA 中含有波利尼西亚人基因组的痕迹。博托库多人是否能证明人类向美洲的移民浪潮中也包括从波利尼西亚出发的先民？

这一假设最近以一种让人意想不到的方式得到了证实——多亏了红薯！在波利尼西亚的若干座岛屿中，红薯是一种主食，但它却并不是本土的植物。此前，人们一直认为红薯是由葡萄牙人带来的，直到一项基于法国国家自然历史博物馆收藏的 18 世纪植物藏品的研究。研究表明，在波利尼西亚发现的红薯品种之一来自中美洲，与葡萄牙人带来的品种不一致。

这一历史细节表明，在欧洲人"发现"地球上的这两个地方之前，波利尼西亚和美洲之间就有了往来。为了明确地证明这些往来的真实性，有必要证明博托库多人体内来自波利尼西亚人的 DNA 痕迹时间早于葡萄牙人到达美洲的时间，因为这将排除葡萄牙船只将波利尼西亚人运送到南美洲的可能性。

那么如何证明这一点呢？事实上，有可能——通过一种巧妙的方法——利用 DNA 来确定不同人群之间发生"交叉"的时间。由于基因重组（在生殖细胞的制造过程中发生的染色体之间的混合，详细介绍见第 108~111 页的《用基因数据追溯共同祖先》），我们遗传给后代的 DNA 长度在代际传递中变得越来越短。因此，根据博托库多人基因组中一部分来自波利尼西亚人的 DNA 的长度，可以大致推测出原始的美洲印第安人和波利尼西亚人结合并产生这个族群的时间。

目前，针对博托库多人展开的唯一一项研究表明，这个时间范围恰好包括了葡萄牙人殖民的前后。然而，这项研究的缺陷在于 DNA 质量不高、样本数不够多。随着新研究的推进，这个谜团应该很快就能解开。无论如何，想想看，巴西东部与波利尼西亚之间出奇遥远，必须绕过南美洲大陆才能到达，这可并不容易！

与世界各地的其他人类种群一样，南美洲的人群已经适应了非常不同的环境。一些安第斯民族显示出对高海拔地区的生理适应性，其方式与青藏高原上的藏族人相似，只是细节有所不同。最令人惊讶的是对砷元素的适应。这种元素天然存在于安第斯山脉中，由火山岩释放到地下水中。然而，位于 10 号染色体上的 AS3MT 基因有一个突变版本，可以让人体把砷代谢掉。这是一个超凡绝伦的适应性，出现的时间可以追溯到几千年前。

用基因数据追溯共同祖先

为了确定两个个体的共同祖先生活的时间，我们会比较位于二者基因组中相同位置的部分 DNA。这些区域之间的差异数量与它们开始分化的时间相关。但是，这些差异是怎么产生的呢？显然，它们是由随机发生的自发突变造成的，但也是由每一代都会出现的所谓基因重组效应造成的。

为了理解这种基因重组现象的起因，请将我们的遗传基因想象成一座图书馆，里面的书就代表着我们的染色体。每个人的基因组中的每一部分都是"双份"的，每个人都从母亲那里得到一本书，从父亲那里得到另一本书。那么，当我们自己繁衍后代、制造生殖细胞的时候会发生什么？结果就是，来自父亲的书和来自母亲的书混在一起了：其中一本书的几页插入了另一本书之中，反之亦然。这种重组是基因混合的来源，解释了有性繁殖如何以"旧"生"新"。

每一代发生的重组次数取决于物种，对人类来说，每代人要经历几十次重组。人口遗传学家正试图在各个族群的 DNA 中找到这些重组，以追踪其历史。

事实上，根据简单的统计效应，在一个人的书中，两页相距越远，这两页之间发生重组的可能性就越大。也就是说，有可能来自父亲的一页和来自母亲的另一页会被遗传下去。相反，两张相邻的书页很有可能会避免被重组，并且一起被传递下去。此外，经过的代数越多，发生重组的可能性就越大。最终，每一部分DNA（书的每一页）都有着不同的历史，可以追溯到不同的祖先。某种程度来说，DNA就是来自远古祖先的拼贴画。

具体而言，研究人员是怎么做的呢？他们将一个个体中的一部分DNA与另一个个体中的相同部分DNA做比较，然后寻找没有重组的DNA片段。如果这样的片段很长，就意味着几乎没有发生重组，即自共同祖先以来只繁衍了很少的几代：两个个体有着一个年代很近的共同祖先。反之，如果没有发生重组的共同DNA部分长度很短，就意味着共同祖先生活在很久之前。

还有一个因素影响共同DNA片段长度：突变。如果一段DNA的共同祖先很古老，有可能自该祖先以来在这部分DNA上积累了突变。因此，在比较两个 DNA 片段时，可能会发现没有发生重组的部分很长，而且突变很少，那么他们的共同祖先就是比较近期的。如果我们发现没有发生重组的 DNA 片段很短，而且还存在突变，那就意味着这位共同祖先很古老了。

这就是我们如何比较两个人，或者更简单地说，比较来自同一个人的从父亲那里得到的 DNA 和从母亲那里得到的 DNA。在这种情况下，被比较的两个人在某种程度上是该个体的父母。从一个个体的完整基因组中，我们可以重建其基因组每一部分的祖先的存在时间。基因组的每一部分有着一个共同的祖先，被称为最近共同祖先（Most Recent Common Ancestor，简称 MRCA）。

另一条信息对于重建过去的历史至关重要：如果大部分的基因组都在同一时期有共同的祖先，意味着在那个时候，人口的规模很小。为了理解这一点，让我们假设有一个村庄：如果你随机选择两个人，他们是表兄弟（也就是有一个最近共同祖先）的概率，比你在一个大城市随机选择两个人（在不考虑移民的情况下），他们是表兄弟的概率更高。因此，在一个小群体中，拥有共同祖先的概率更高。

第三部分

人类征服自然

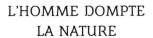

L'HOMME DOMPTE
LA NATURE

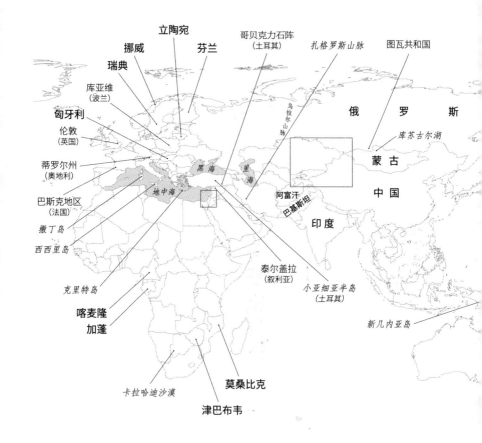

挪威
瑞典
立陶宛
芬兰
库亚维
(波兰)
哥贝克力石阵
(土耳其)
扎格罗斯山脉
图瓦共和国
匈牙利
伦敦
(英国)
蒂罗尔州
(奥地利)
巴斯克地区
(法国)
撒丁岛
西西里岛
克里特岛
喀麦隆
加蓬
卡拉哈迪沙漠
津巴布韦
莫桑比克
泰尔盖拉
(叙利亚)
小亚细亚半岛
(土耳其)
新几内亚岛
黑海
里海
地中海
乌拉尔山脉
俄 罗 斯
库苏古尔湖
蒙 古
中 国
阿富汗
巴基斯坦
印 度

黎巴嫩
海法
(以色列)
杰里科
(约旦河西岸)

美 国

厄瓜多尔

亚马孙雨林

瓦利斯和富图纳 萨摩亚群岛
（法国）

巴拉圭

特欧玛遗址
（瓦努阿图）

复活节岛

新西兰

梅日杜列琴斯克

巴尔瑙尔

捷列茨科耶湖

阿尔泰共和国

俄 罗 斯

贝雷尔山

蒙古

哈萨克斯坦

脉

山

阿拉木图

安集延

天

吉尔吉斯斯坦

山

颂湖

中 国

乌兹别克斯坦

费尔干纳

阿特巴希

农业与畜牧业的发明

　　为什么将农业和畜牧业这两大发明与人类的伟大旅程相提并论？原因很简单，二者的发明远远不只是人类历史中的一个细节，它们在大约1万年前让地理地图重新洗牌。在此之前的几十万年里，人类一直是狩猎采集者。引导着人类迁徙的，是发现新的狩猎区、捕鱼区或采集地，当然还有好奇心。

　　突然之间，这一切天翻地覆。大约1万年前，在世界的许多地方，人类开始以完全彼此独立的方式驯化自然。人类开始种植植物和饲养动物。当然，这种转变并不是瞬间发生的，而是持续了几千年。此外，根据地点的不同，农业和畜牧业的形式也多种多样。出于这些原因，在这一部分，我的讲述将不完全遵循时间顺序。

　　这个新时期被称为新石器时代（新石器指的是在遗址发掘

现场发现的经过打磨的石头），见证了新生活方式的出现，这些生活方式在今天的人口基因组中留下的痕迹仍然可以看到，而且这些痕迹往往伴随着人类的迁移。农业和畜牧业的发明带来了"邂逅"的机遇，换句话说，就是基因的交流。人们经常使用"新石器时代革命"这种说法，这远远算不上是夸大其词，因为直至今日，它在人类基因和社会中留下的印记仍然清晰可辨（显然，这是一场与我们历史的时间尺度相关的革命）。

阿特巴希的赶集日

在今天，想要亲身了解新石器时代带来的文化风暴，前往吉尔吉斯斯坦的阿特巴希是一个好办法，这是一个位于喜马拉雅山脉北部的小村庄，海拔2 000米。我和我的团队曾经在那里开展过田野调查，我之后会详细说一说。我们到达的那天，恰好是赶集日。在南方遥遥俯视着我们的山峰，海拔超过7 000米。高大山峰的另一边，便是中国。集市上人头攒动，摊位比比皆是。面包师在石炉里烤制圆形的面包，面包一出炉，他就在上面盖上自己的印章和电话号码！待售的绵羊和山羊叫个不停，咩咩声从四面八方传来。虽然肉店和出售奶制品的摊位很多，但售卖新鲜水果和蔬菜的摊位却很少。我默默记下了这个奇怪的细节。

人们从很远的地方来到这里赶集，停"车"场满满当当，只不过，占据这些"车位"的不是汽车，而是马匹！马是该地区居民首选的交通工具，都戴着非常华丽的鞍辔。一些男青年很快就发现了我们这些陌生人，并给我们来了一场"表演"。他们组织了一场迷你牛仔竞技，用套索捕捉牦牛。稍后，我们爬上了颂湖湖畔的山地牧场，目之所及是一望无际的田野。夏天的时候，当地的村民会带着马群去山里放牧；他们会住在蒙古包里，然后在冬天回到村庄。

现在正是 6 月，母马已经分娩，小马驹很多，我们骑着马拜访蒙古包，在每座蒙古包里都喝了马奶酒——一种发酵的马奶饮品。在这个国家，马既是坐骑，也是可食用的肉类。马肉香肠是大受欢迎的菜肴之一，也是制作传统菜肴"别什巴尔马克"的食材。有意思的是，当我们问一个住在蒙古包里的牧民他有多少匹马时，他告诉我们有 4 匹，可是，他身后的马群中至少得有 100 匹马。在该地区，只有坐骑才被认为是真正的马！

一周后，我们前往几百千米外的乌兹别克斯坦，来到了费尔干纳盆地——更准确地说，是安集延，眼前的风景变得截然不同。气氛的变化直接来源于新石器时代，当我在市场的摊位之间穿梭时，几乎有一种以倍速快进的方式重新体验 1 万年以来重塑地球面貌的革命之感……

安集延与阿特巴希相反，水果非常丰富，大量摊位引人注目。最华丽的水果莫过于杏子。确实，这里就是杏树的原产地，它们从这里出发，传播到世界各地。在中亚，水果的种类丰富到令人难以置信，从像桃子一样多汁的白色水果到我们熟悉的经典柑橘类水果，一应俱全。

苹果的种类之多也让人眼花缭乱：从和樱桃差不多大的粉红色小苹果（因其富含维生素而闻名，常被推荐给孕妇食用）到各种颜色的大苹果，应有尽有。事实上，哈萨克斯坦的直辖市阿拉木图也位于中亚地区，阿拉木图的意思是"苹果的祖父"。这些水果与玫瑰、郁金香和核桃都是在中亚地区被人类驯化的。春天，"低海拔"地区（海拔4 000米以下）的山脉被红色覆盖，目之所及皆是野生郁金香花海的奇观。

从冰川到沃土

安集延与阿特巴希马市之间的强烈对比让我产生了一种朦胧的感悟：这些相距不远的人群有着如此不同的生活方式，我们该如何解释这种现象呢？最重要的是，作为一名遗传学家，我不禁要问：这些文化差异是否会反映在人口的DNA之中？为了理解远古时期新石器时代的出现，我们需要回顾一下，2万年前至1.8万年前，欧洲和亚洲的景观是什么样子。彼时正值冰河时代，冰层覆盖着整个欧亚大陆，一直延伸到伦敦。然而，也有所谓"避世桃源"，比如法国西南部和意大利北部。

然后，很快地，气候变暖了。气候的变化对生态系统的影响是巨大的：动物区系发生了变化，大型哺乳动物数量减少，猛犸象消失了，驯鹿不再是人类主要的食物来源（除了极北地区），取而代之的是鹿和野牛。在中东，人类开始驯化植物和动物，并制造陶器。换句话说，人类发明了一种新的生活方式，从狩猎采集者变成农耕养殖者。

　　这种转变是怎么出现的？农学和植物学的研究让我们能够更好地了解这种驯化是如何发生的。我们有理由认为，天性好奇的人类已经观察到，每年，同样的植物会在同一个地方重新长出。事实上，甚至我们的黑猩猩表亲也意识到了这一现象，它们每年都会回到同一个地方寻找食物。因此，我们的狩猎采集者祖先很可能已经知道，一片布满青草的田地会自我繁殖，而这种生命周期的出现是因为种子。

　　驯化的植物与野生植物的区别在于特征的积累。最重要的一点是，与野生谷物不同，驯化后的谷物的种子在成熟之后仍然会附着在茎秆上，不会被风吹走。因此，很容易想象我们的祖先是如何驯化谷物的。他们从一片野生小麦田里收获种子，而且只收获那些仍然附着在麦茎上的种子。一年又一年地播种，然后重复收获，最后，祖先们就得到了不再受风影响的小麦品种，以用来种植。此外，他们还会无意中选择在同一时间成熟的植株。简而言之，祖先们每年要做的就是选择产生最多种子的植株，以获得最大产量，然后继续种植收获来的种子，经过几代人的努力，植物就会被驯化——就这么简单！

持续发展

　　上述推理表明，第一批被驯化的植物可能是人类历史上的第一批农民无意而为的结果。对这些早期农民的思维或者与自然的关系来说，这还算不上一场"革命"。此外，今天的狩猎采集人口也会种植一些植物，例如块茎类植物，还会种植树木。原始森林，特别是在亚马孙地区有一部分树木实际上是那里的原住民种植和培育的……

从这个意义上讲，1万年前农业的出现不应该被看作一种史无前例的人类活动，而应该被看作对某些植物（如谷物）的强化使用。可以想象，这些谷物被驯化的程度越高，它们的产量就越高，就越会成为食物资源的重要组成部分。反过来，谷物越被使用、收获得越多，被驯化的程度就越高。一种螺旋式的上升就此出现：人类的食物越是依赖于某种作物，该作物的驯化程度就越高，也就越是成为人类饮食中不可或缺的组成部分。这就像一条通往全新生活方式的单行道。

新石器时代革命带来的最关键和惊人的变化是人口结构的变化。所有的考古数据都显示了人口密度的增加：考古学家发现了很多这一时期的遗址，而且这些遗址似乎原本都是规模较大的社区。有些社区规模巨大，居民达数千人。这一时期，大型村庄和小型城邦中心出现了，比如约旦河西岸的杰里科（Jéricho）、叙利亚的泰尔盖拉（Tell Qarah，提醒一下，关于城市，我们之后再说）。因此，很明显，农业为那些从事农耕的族群带来了人口增长。

先有鸡还是先有蛋

要解释人口这种突然且神秘的增长，我们面临着一个两难困境：是人口增长以某种方式推动社区寻找新的食物来源，还是反过来，农业带来的食物丰富推动了人口增长？就在 10 年前，我们还回答不了这个问题。为了回答这个问题，我和同事开始了采样调查，对象是生计方式不同的人群，包括狩猎采集者、农民和牧民。基于当下的基因数据，我们开始追踪这些种群的人口历史。

事实上，从当代个体的 DNA 数据出发，可以计算出其所属群体是否在过去的某个时间点上出现了规模增大，甚至可以计算出这种人口增长发生的时期。我们已经在上一章中详细介绍了其中的原理，以及如何追踪遗传祖先的生活时期。回想一下，DNA 被切割成若干部分，对于每一部分，我们通过比较从父亲那里得到的部分和从母亲那里得到的部分，来确定共同祖先的生活时期。如果二者非常不同，则共同祖先生活在遥远的过去；如果二者非常相似，则共同祖先就生活在不久的过去。每一段 DNA 都给出了一个祖先的生活时期。如果大部分的 DNA 片段都可以追溯到相同的时间，就意味着大部分的基因共同祖先来自同一时期。然而，在一个小群体中，找到共同祖先的概率更大。因此，如果大多数祖先都是生活在同一时期的人，我们就能确定，人口在那个时候很少，然后才开始增长。换句话说，在那个时期，该种群经历了人口增长。

我们的研究结果令人振奋：狩猎采集人口没有显示出历史上发生过任何的人口扩张，而今天的农耕或畜牧人口则显示出人口扩张的明显迹象。这一点我们确实早有预料，但我们没有猜中这些人口开始增长的时期：它比已知的新石器时代过渡时期的考古学时期早了几千年。因此，是人口的增长推动了对作物的驯化，而不是相反！

同样的遗传学研究也表明，在这种转变发生之后，人口增长开始加速。总之，我们可以想象这样一种情景：由于全球变暖，一些地区变得适宜农耕，生活在这些地区的人口开始从事农业生产。然后，随着人口的增长，种群规模扩大；一些人定居下来，采用了新的生存方式，农业发挥了越来越重要的作用。从那时起，定居人口的增长速度进一步加快。土耳其的哥贝克力石阵（Göbekli Tepe）是已知最古老的考古遗址之一，这一遗址就是这种现象的一个很好例证。该遗址中有纪念性建筑，这是文化和人口发展的标志，然而，这些建筑的出现时间比人类驯化谷物的时间还要早 1 500 年。

遍布全球的农业

在几千年的时间窗口内，地球上的几个地方独立地出现了农业。小米在中国的黄河沿岸被驯化，水稻则在长江沿岸被驯化，玉米在中美洲，土豆在南美洲，番茄在安第斯山脉，茄子和黄瓜在厄瓜多尔，香蕉和芋头在新几内亚岛，高粱在非洲或印度，苹果、核桃和杏则在中亚——正如前文提到的。在中东，谷物被驯化的同时，早期的农民还培育了豌豆和小扁豆，饲养了山羊、绵羊、猪和牛。

然而，最初的人口增长在某种程度上诱发了人类对动植物的驯化，却并不能解释一切。为什么在类似的自然环境中，有些人口种群走上了驯化动植物的道路，有些则没有？一条有趣的线索是和这些人群或多或少的移动性有关。有些群体随着季节的变化不断迁移，但每年都会回到同一个地方；有些群体则整年都待在同一个地方；还有些群体习惯长途跋涉，几年后才回到出发地，不一而足。

我们必须提出一个问题：为什么一旦开始向农耕－畜牧的生活方式过渡，人口就会加速增长？解释这种人口优势的一个假说是出生间隔的缩短。事实上，对目前的某些狩猎采集人口（比如巴拉圭的阿契人、卡拉哈迪沙漠里的科伊桑人）的研究表明，女性的生育间隔约为 4 年，似乎一个母亲一次只能照顾一个年幼的孩子。这种生育间隔被认为是长时间母乳喂养造成的，因为母乳喂养会降低女性的生育能力。在一个以农业和畜牧业为基础的社会中，普通食物的喂养方式将使女性能够更频繁地生育。

只不过，这一假设在某些事实面前并不能站住脚：在一些狩猎采集社会中，比如在俾格米人中，新生儿出生的时间间隔并不比邻近农民的更长。但是，也许我们现在在俾格米人中观察到的情况在过去并不是常态，近年来，俾格米人的出生间隔可能已经缩短了。

　　另一个问题是，没有证据表明狩猎采集者遭受过食物匮乏之苦。无论是观察今天的俾格米人（他们似乎知道如何在一年四季寻找不同的食物），还是分析新石器时代过渡期之前的人类遗骸，都没有发现营养不良的痕迹……此外，农民比狩猎采集者更容易受到变化无常的天气的影响。狩猎采集者有可能四处移动，可以说是跟着食物走。可是农民呢？在糟糕的年景，地里的收成可能会受干旱、霜冻、病原体等的影响……因此，就目前的知识水平而言，我们只能注意到新石器时代过渡期的人口有明显的大幅增长，但却无法做出令人信服的解释。

农业来到欧洲

现在让我们回到欧亚大陆，在这里，新的生活方式的到来有据可查。至少在 1 万年前，以农业和畜牧业为主题的陶器就出现在中东的新月沃土上。从小亚细亚半岛出发，农业和畜牧业在 8 000 年前至 5 000 年前传播到整个欧洲。二者沿着两条路线在欧洲传播，一条是从北方经过巴尔干半岛，另一条是从南方沿着地中海（这条路线经西班牙向北抵达英国，而第一条路线则沿着多瑙河到达比利时和德国，两条路线的交汇点在巴黎盆地）。法国在 7 000 年前左右进入新石器时代，英国在 6 000 年前左右，北欧（芬兰和波罗的海国家）在 5 000 年前左右。

但是这种新的生活方式是如何传播的呢？存在两种假设：文化传播假设和所谓"人口"（démique）传播假设。在第一种假设中，只有新技术得到了传播：当地的狩猎采集者开始从事农业，并采用了新技术。换句话说，只有陶器在欧洲大陆上"旅行"，而人类则没有。而在第二种假设中，是人类在迁徙：农耕民族抵达欧洲，并且在这里定居，取代了原来的狩猎采集人口。在第二种假设中，农业、陶器和人类一起迁移。

仅凭考古数据，是不可能在这两种假设之间做出判断的。然而，有迹象表明，在某些地区，例如多瑙河沿岸，新石器时代文化的出现形成了一个完整的文化集合，有新的定居地、植物和动物，以及工具。如果这种过渡是通过狩猎采集者的文化适应（同化）来实现的，那它应该是更加渐进式的：狩猎采集者将逐渐整合来自新石器时代文化的元素，而不是一步到位，全部换成新的。因此，考古学表明，这是拥有不同文化的人口来到这里，并在多瑙河沿岸定居，而不是当地原有居民对农耕与畜牧技术借用的结果。

让 DNA 说话

遗传学是否支持这种假设？验证的方法是，衡量在新石器时代到来的之前和之后，人口的基因是否存在连续性。如果基因存在连续性，则毫无疑问，意味着狩猎采集者采用了新的生活方式。相反，如果没有连续性，那么就意味着有人口种群迁徙到这里并替代了原有种群。

测量基因的连续性，说起来容易做起来难。这种类型的研究涉及从中石器时代（农业出现之前的时期）和新石器时代的人类遗骸中提取 DNA，然后比较这两组 DNA。然而，这种方法存在两个问题。第一个问题是，中石器时代的人类遗骸非常少：要么是因为那个时候的人类太少；要么是因为我们尚未发现其埋葬地点；要么是因为当时人们并不土葬死者，而是采用其他丧葬方式。简而言之，中石器时代的人类遗骸很少见。

第二个问题是，人类遗骸中的 DNA 必须处于足够良好的状态，才能被提取和分析。然而，DNA 的保存状态是否良好在很大程度上取决于当地气候是冷是热，是干是湿。DNA 在寒冷地区会更稳定，这也是为什么，虽然 DNA 技术在不断发展，但比起中东和热带地区的人口历史，我们目前依然更了解北欧的人口历史。

那么，DNA 研究告诉了我们什么呢？中石器时代的欧洲狩猎采集者在基因上与欧洲的早期农民不同。不过，第一批欧洲农民在基因上却与土耳其小亚细亚半岛的农民非常相似。换句话说，有新的人口和新的技术从小亚细亚半岛来到欧洲。最终，遗传学支持了考古学赞成的"人口"传播假设。

两群相遇

当远古的农民来到欧洲时，原来的狩猎采集者会怎么样？他们当然不会消失！而欧洲新石器时代人口的 DNA 使找到他们成为可能：新石器时代晚期的人类遗骸在基因上更接近狩猎采集者，而不是来自中东的第一批农民。换句话说，随着时间的推移，这些从中东来的新石器时代居民和欧洲的狩猎采集者之间出现了血统融合。而且，很可能，一些狩猎采集者也成了农民。关于这些"邂逅"的细节，是未来几年要探索的一个非常有趣的领域。

为什么狩猎采集者放弃了他们原有的生活方式，转向了农业生产？狩猎采集者的生活方式似乎能提供无数的好处。据估计，在旧石器时代，鉴于人口规模很小，资源又非常丰富，每天 2~3 个小时的狩猎和采集就足以养活史前人类。其余的时间可以用于其他活动，比如休闲娱乐。相反，在我们的印象中，农民的日常生活则被辛苦的田间劳作所占据。因此，很难解释为什么有些原始人放弃了轻松富足的生活方式，而选择去田里做苦力……

但事实比我们想象的简单得多：第一批农民肯定没有把时间花在犁地上——我们可以通过出土的工具推断，耕田技术在几千年后才出现。第一批农民并不耕种，他们只是收割。因此，在不知道原因的情况下，我们只能观察到欧洲的狩猎采集生活方式在几千年中消失不见。我们有理由认为，根据地点和时间的不同，合适的生活方式也是不同的。

关于这些"邂逅"，来自远古的 DNA 提供了一个有趣的细节：西欧的狩猎采集人口主要是黑皮肤、蓝眼睛，而新来的农业人口肤色更浅。在某种程度上说，这一时期可以作为反映当下的一面镜子：西欧的黑人原住民和来自中东的肤色更浅的人口"相遇"了。目前的基因数据仍然不足以详细分析这些基因融合是如何发生的，肤色是否影响了融合程度，以及肤色是不是当时的一个相关"择偶标准"——皮肤的某种特定颜色是否对某一特定人群来说具有更大的吸引力？

饮食的变化间接影响了从狩猎采集转向农业生产的人口的肤色：由于过渡到了一种维生素 D 含量较少的饮食（维生素 D 普遍存在于动物肝脏和鱼类之中）上，人们不得不用较浅的、更有利于生成维生素 D 的皮肤颜色来弥补，我已经在前文解释过这一点。来自中东的农业人口带来了他们的生活方式，也携带着会导致浅肤色的基因突变，还带来了有利于浅肤色的选择压力。

中东的光景

欧洲的情况就是这样，那么，中东的东部地区呢？研究者分析了 4 具人类遗骸，这些遗骸是在新月沃土东部、伊朗中部的扎格罗斯山脉发现的，其年代可以追溯到 1 万年前。4 具遗骸在基因上与小亚细亚半岛的农民不同。另一项关于出土于黎巴嫩的新石器时代古人类遗骸的研究也表明，他们的基因也具有独特性。总而言之，小亚细亚半岛、扎格罗斯山脉、黎巴嫩，这 3 个地方都属于新月沃土，却显示出了强烈的人口基因差异。新石器时代的文化是在这 3 个地方独立出现的，还是在三地之间传播的？

目前，这个问题还很难回答。因为，在小亚细亚半岛和扎格罗斯山脉都发现了种植谷物的痕迹，年代可以追溯到 1.2 万年前至 1 万年前，这就让这些地区成了新石器时代文化出现的可能中心地带。遗传学的贡献在于，表明了小亚细亚半岛、黎巴嫩和扎格罗斯山脉的第一批农民从基因上看是 3 个不同的人群，而且这 3 个地方都出现了从当地的狩猎采集者向农民过渡的现象。也许，寻找向农业过渡的单一起源中心是错误的想法，有必要假设存在一个将不同的人口群体联系起来的文化交流网络。

此外，农业进一步向东传播到巴基斯坦、阿富汗和印度，同时也携带着来自扎格罗斯山脉人口的遗传学痕迹。因此，就像是来自小亚细亚半岛的农业人口带着新技术来到欧洲一样，来自扎格罗斯山脉的农业人口向东迁移，同样也带来了他们的农耕生活方式。

遗传学得出的另一个有趣的结论是，这些早期的新石器时代人类具有高度的遗传多样性，远远高于同时期的狩猎采集群体。一个种群的遗传多样性与人口规模成正比。换句话说，第一批从狩猎采集转向农耕畜牧的群体，在人口方面已经初具规模。基于现代人口的 DNA 研究也证实了这一点。这些结论都表明，是逐渐扩大的人口规模导致了生活方式向农业转变。

{ *8 500* 年前至 *7 000* 年前 }

L'HOMME SE MET À BOIRE
DU LAIT

　　向新石器时代过渡对人类的生理功能也有影响，影响之一就是消化乳品的能力。小亚细亚半岛农民对牛奶的最早使用痕迹可以追溯到 8 500 年前，这是通过分析马尔马拉海附近出土的陶器中的脂质残留物发现的。在欧洲，食用乳品的最古老痕迹可以追溯到 7 000 年前，包括在波兰中部的库亚维（Kujawy）出土的干酪沥干器（一种底部有孔的器皿），这种沥干器已被证明可用于制作奶酪。新石器时代人口消化乳品的能力是令人惊讶的，原因如下。

　　人是哺乳动物，和所有哺乳动物一样，幼儿能够消化乳品。这种消化能力要归功于一种酶，即乳糖酶，它能分解乳品中的乳糖，将其转化为糖类（葡萄糖和半乳糖）。但是，这种酶通常在人类成年之后就不再活跃！然而，在如今的一些人类群体中，有多达 90% 的成年人具有活性乳糖酶，这被称为乳糖酶持久性或乳糖耐受。如果我们看一下这些人口种群的全球分布，就会发现具有这一特征的是从事畜牧业的族群。

这一生理特征是从哪里来的？几十年来，争论的焦点是：这种可追溯到新石器时代的乳糖耐受是由于经常饮用鲜奶，从而使人体产生了一种适应性，还是通过基因突变导致的。直到 21 世纪初，人们才发现使乳糖酶在成人体内保持活性的基因突变。突变位于乳糖酶基因的调控区中，距离该基因大约有 1.4 万个碱基对。欧洲人口中的乳糖耐受大多可以由一个基因突变来解释，而非洲人口中的乳糖耐受则与 3 个基因突变有关，中东地区人口也是有一个基因突变。这是一个趋同演化的很好例子，不同的突变导致了相同的生物学结果。

一个快速的现象

通过精确研究每个突变周围的 DNA 片段，可以发现，这些突变经历了高强度的自然选择。这意味着所谓"生物文化演化"：一种文化上的变化（在这里指的是农业）导致人类种群生活环境的变化。反过来，生活环境的变化又导致了人类种群生物学上的改变。换句话说，文化影响了生理。自 1970 年以来关于人类消化乳品的研究，是探索这种演化的资料最翔实的例子。

从突变周围的 DNA 长度（以及这种突变的携带者所共有的

部分，见第 134 页《如何检测自然选择？》）来看，这种突变大约是在几千年前（欧洲大约是 7 500 年前）开始传播的。而这个时间与世界上不同地区畜牧业的兴起时间吻合。

于是，我们可以重建这样一段历史：几千年前，一些人类转而从事畜牧业，鲜奶成为他们饮食结构中的重要组成部分。携带能够消化乳品的突变的成年个体在生存或繁衍上更具有优势。一代又一代，在北欧人口（如芬兰人和爱尔兰人）、中欧人口和非洲的一些放牧民族（如图西人、图阿雷格人和贝都因人）中，该突变的概率已经增高到了 75%~80%。

相比之下，在中国人和美洲原住民之中，这一概率低于 5%，在这些地方，能够消化新鲜乳品的成年人并没有明显的生物学优势。据估计，目前世界上约有 30% 的人口对乳糖有耐受性。请注意，并不是饮食习惯的改变（即大量摄入鲜奶）带来了消化乳糖的基因突变。相反，这些基因突变原本就存在，最初，它们很罕见，派不上什么用场，但生活方式的改变让它们从中性突变变成了具有优势的突变。

中亚之谜

中亚是我的首选研究地区，但在这些问题上它依然保持神秘。畜牧人口和农耕人口共同生活在这里。畜牧人口的饮食结构中富含乳制品，他们是否更耐受乳糖呢？如果是的话，那么是否意味着，这里存在一个不同于在欧洲和中东发现的新突

如何检测自然选择？

通过考察不同个体携带的某个特定突变周围的 DNA 长度，我们可以判断这个基因突变是古老的还是新近的。当一个突变在基因组中形成时，它会出现在单一的 DNA 片段上。该突变会与周围的一片 DNA 一起，被传给下一代。但是，随着每次的传承，基因都会发生重组，从而"拆解"围绕着该突变的 DNA 片段。随着几代人的繁衍，该突变周围来自祖先的 DNA 片段的长度就会缩短。因此，通过测量当代个体中该突变周围的 DNA 长度，可以估计出这个突变是从多少代以前开始传承的：如果该突变周围的 DNA 片段长度很长，就意味着这个突变是最近发生的；反之，如果这段序列很短，那么这个突变就很古老。

在没有自然选择的情况下，一个基因突变需要很长时间才能在群体中变得普遍。然而，对消化乳品的能力来说，使个体耐受乳糖的突变是很常见的，而且其周围的 DNA 长度表明，这些突变是相对较新的。换句话说，晚近以来，突变的频率提高了，而且非常迅速。这意味着人口种群受到了强大的自然选择的推动。

变？而这个突变又是什么时候被自然选择的呢？

为了回答这些问题，我和同事踏上了对哈萨克人的考察之旅。关于畜牧群体，我们选择了一个以哈萨克族为主体的村庄，有数百年历史的古老资料为证，哈萨克族以驯化动物而闻名。人类食用马奶的最古老证据也是在哈萨克斯坦发现的，也就是存在于5 000年前的"博泰文化"（Botai culture）。关于农耕群体，我们选择了乌兹别克斯坦的布哈拉地区，那里的村庄有着从事农业的传统，考古研究记载了那里远古时期的农业遗址。

基于这次考察的性质，我们对田野流程做了一些修改：除了惯常的采集DNA，我们还测试成年人耐受乳糖的程度。在村卫生所的帮助下，我们通知参与者早上空腹前来。为了让研究结果更可靠，我们需要在每个村庄采集大约100份样本。然而，由于配置的原因，我们每天只能调查大约20个个体……每天早上，我们都会和当天到来的参与者解释我们的项目，征得每个人的同意。

血糖飙升

我们的第一项任务是测量参与者的空腹血糖值。如果一位参与者的空腹血糖值过高，这是潜在糖尿病的征兆，我们会将这一结果告知他的医生，并在记录中排除这位参与者。我们还测量了每位参与者呼气中的氢浓度。然后，我们请每位参与者摄入50克稀释在水中的乳糖，这相当于1升牛奶中的乳糖含量。

乳糖耐受性能够让个体消化大量的鲜奶，但如果只摄取少量的奶制品，比如一天一杯鲜奶，那就不需要乳糖耐受性。

我们会在参与者服用乳糖之后的 20 分钟和 40 分钟时测量其血糖水平。参与者如果乳糖耐受，体内的酶会将乳糖转化为葡萄糖，我们可以看到血糖飙升。在 120 分钟后和 180 分钟后，我们分别测量参与者呼出的氢气浓度：参与者如果对乳糖不耐受，胃里会产生氢气，我们将会测量到氢气含量的飙升。将这两个衡量标准（即血糖和氢气）结合，我们才能够确定参与者是否乳糖耐受。

同时，我们还让参与者填写了关于消化系统感受的调查问卷：是否有胃痛、胃胀等。不过这些感觉并不总是与乳糖耐受相关，一些生理上有耐受性的人可能抱怨感到胃胀，而其他没有耐受性的人则报告没有出现任何症状。这部分调查还旨在证明，我们不能仅从个体宣称胃痛或者胃胀与否出发，来判断其是否乳糖耐受。

在这一调查活动中，每位参与者最后都要提供几毫升的血液，以便我们能够从中提取 DNA。整个过程都需要时间；幸运的是，参与者都很有耐心，配合得很好。为了让等待不那么无聊，我们会和他们聊天，给他们看看巴黎的照片之类。我们在每位参与者来访后的第二天，通过医生向他们反馈他们是否乳糖耐受。最重要的是，在采样周结束后，我们会在访问过的每个村子里组织一场宴会，邀请所有参与者参加。我们会以祝酒词对参与者表示感谢，而他们则将所思所想告知我们。我听到的最感人的一句话就是我在序中引用的："多亏了你们的研究，我们村庄的名字将会出现在世界地图上。"

令人意外的结果

我们回到巴黎，分析了采集到的 DNA，结果很快出炉。与农耕人口相比，畜牧人口的乳糖耐受百分比要高得多，但整体而言数值很低：只有 25% 的成年人耐受乳糖。与北欧的某些人口群体中有 80% 的人耐受乳糖相比，这个数值差距太大了！怎么解释这个结果呢？第一个假设是：在中亚地区，畜牧业是比较近期才出现的。但我们的遗传分析表明，这种乳糖耐受的突变与在欧洲发现的突变相同，出现频率也是在几千年前开始增高的。所以这一假设不成立。

事实上，答案就在乳品的发酵中！在中亚地区，乳品主要是以发酵乳制品的形式被食用的。比如，马奶就被制成一种被称为"马奶酒"的饮品。而且，乳品在发酵之后，就会含有能够消化乳糖的微生物（如酸奶、克非尔 [1] 之类的发酵乳品中就含有这种微生物）。因此，在中亚地区，鲜奶可能是在被制成发酵乳制品后才被食用长达数千年之久的。

还有一些人口群体食用奶酪形式的乳制品，其中的乳糖在蛋白质凝固的过程中被无意地去除了。例如，在欧亚大陆最早

---

[1] 又称牛奶酒、咸酸奶，是发源于高加索的一种发酵牛奶饮料。——译注

开展畜牧业的中东地区，乳制品的食用非常普遍，但乳糖耐受的发生率仍然很低，约为 40%。

在人类基因组中，消化乳制品的基因是近期发生的自然选择中的强烈信号之一。换句话说，尽管这种优势的性质尚待厘清，但从生物学的角度来看，携带这种突变的个体，毫无疑问地在生存和（或）繁衍上具有巨大的优势。其他与饮食有关的基因显示出的选择效应也可以追溯到新石器时代。简而言之，虽然我不想冒犯某些当代的饮食学说，但是，认为人类能适应旧石器时代的饮食这一想法是很荒谬的……

新疾病的出现

向新石器时代过渡给人类的饮食结构带来了剧烈变化。人们开始食用更多的乳制品，但也开始从谷物中以淀粉的形式摄入更多糖类。在新石器时代的人类遗骸中发现了最早的龋齿，便可以用食用谷物粥来解释。

这一观察结果并不是孤立的。一般来说，新石器时代的人类健康状况与旧石器时代的人类健康状况相比有所恶化。事实上，人口密度的增加导致了诸如麻疹和结核病等疾病的出现。新石器时代的人类骸骨上还留下了营养不良和多种疾病的痕迹：牙齿上的条纹（表明发育迟缓）、眼眶存在小孔（意味着此处骨头很薄）、身材瘦弱……在新石器时代，这些痕迹非常常见。

这些疾病的出现会不会是由于人类接触了被驯化的动物，

而这些动物把携带的病原体传给了人类？让我们通过目前研究最充分的传染病——结核病的案例来看看这一解释的合理性。结核病是由结核分枝杆菌（*Mycobacterium tuberculosis*）引发的，这种杆菌也以牛分枝杆菌（*Mycobacterium bovis*）的形式存在于牛的体内。据估计，在抗生素出现之前，有 2%~4% 死于结核病的人是因为接触了受感染的动物乳品而被传染结核杆菌的。然而，大部分死于结核病的人是因为感染了人类结核杆菌。目前的研究倾向于认为，在远古时期，结核杆菌是从人类身上传播到动物身上的。因此，牛的结核病被认为源于人类的结核病，中间通过其他的宿主传播。

因此，通过近距离的动物接触传播只能部分地解释结核病的出现。相反，人口密度的增加可以解释这种疾病的流行。经 DNA 分析正式证明的最古老的结核病痕迹，发现于以色列海法南部亚特利特雅姆（Atlit-Yam），这是一个 9 000 年前的新石器时代遗址，遗址中有一位妇女和一个孩童生前患有结核病，两名死者的骨骼显示出这种疾病的特征性病变。而该遗址令人惊讶的地方在于，它目前位于海面下大约 10 米处。

对于其他病原体，想在骨头上看到痕迹是比较困难的。如果我们发现了有疾病迹象的骨骼，当然意味着该疾病存在于人群之中，但也意味着个体存活了足够长的时间，以至于疾病能够在骨骼上留下痕迹。事实上，如果一场流行病导致人口中的个体迅速死亡，他们的骨骼上是不会显示出健康恶化的证据的。

因此，要通过改变生存方式来改变生存环境，新石器时代的人类面临着新的生物学挑战，他们部分地适应了这些挑战。而我们与旧石器时代人类的区别，也正是在于这些新的身体机能。新石器时代过渡期带来的饮食和生活方式的重大变化，已经刻印在了我们的基因组中。

{ *5 000* 年前 }

1991 年，在奥地利边境的蒂罗尔州，冰川的融化让一位史前人类显现在人们面前，他就是奥茨（Ötzi）。很快，人们就鉴定出了奥茨来自哪个年代，即公元前 3300 年（在公元前 3300 年到公元前 2500 年之间），也就是距今 5 300 年前。因此，奥茨来自新石器时代晚期，在这个时期，大多数欧洲人口开始向农业人口过渡。奥茨遗骸保存得非常好，连衣服和箭筒都完好地保存了下来。骨骼上留下的痕迹表明，奥茨死于背部的箭伤。

但是，奥茨是从哪里来的呢？ 2008 年，研究人员根据线粒体 DNA 首次分析了奥茨的基因组，结果显示他的 DNA 属于单倍群 K。单倍群指具有类似基因特征的一群人。奥茨所属的单倍群 K 在如今的欧洲人口中很常见，约占 6%，在如今的中东人口中约占 10%。更精确地说，奥茨的线粒体 DNA 属于这棵基因树 K 的一个分支，被称为 K1，它遍布整个欧洲和中东地区。简而言之，这些基因信息并不足以鉴定奥茨究竟原籍何处。

直到 2012 年，通过分析奥茨的核 DNA，我们才了解到更多信息。通过比较奥茨的核 DNA 和当今人口种群的 DNA，研究人员惊奇地发现，与之遗传关系最密切的人是撒丁岛人！此外，奥茨的 Y 染色体属于在撒丁岛和科西嘉岛南部常见的单倍群 G2。这足以成为爆炸性新闻：奥茨是第一位欧洲旅行者，一个来到阿尔卑斯山脉的撒丁岛人。

东方来客

如何解释这一结果呢？基于分析欧洲出土的人类遗骸，遗传学研究表明，新石器时代文化是由来自中东的人口带来的，他们逐渐与欧洲本土的狩猎采集者融合。对这些古老 DNA 的研究还带来了一个巨大的惊喜：当今的一些欧洲人口在基因上与欧洲新石器时代晚期的人类并不接近。换句话说，当今的欧洲人并不是 7 000 年前（即公元前 5000 年）那些农民的直系后裔。在新石器时代晚期和当下之间，发生过一次重大的遗传输入，这是一个改变欧洲大陆遗传景观的新事件。

除了来自中东人类的遗传基因与欧洲原住民的遗传基因，第三种遗传成分出现在公元前 3000 年到公元前 1000 年（也就是 5 000 年前至 3 000 年前）之间的青铜时代。这些人是谁？他们来自哪里？他们与欧洲本土的人口是如何相处的？据我们目前所知，这些青铜时代到来的人类来自东方，来自里海的北部，来自一个在考古学上被称为"颜那亚文化"（Yamnaya）的地方，那里的人类发明了手推车。考古资料显示，他们是畜牧民族，是居住在里海岸边的狩猎采集者的后代。

这些新移民的基因对欧洲不同地区人口的影响是不同的。在一些地区，新移民基因占当代人口基因组的 60%，比如北欧（挪威和立陶宛）；而在其他一些地区（意大利和西班牙），这一数字为 30%。再比如，随着这些人口的到来，英格兰似乎经历了一次重大的基因动荡：在已经分析出来的青铜时代末期的大不列颠基因库中，超过 80% 的基因与该时期欧洲大陆人口的基因相似。这一时期，欧洲的代表文化是钟杯文化（即贝尔陶器文化），以钟形陶器为标志。值得注意的是，尽管存在上述的基因差异，但这种文化覆盖了整个西欧。换句话说，基因和文化可以是两个毫不相关的元素。

男人还是女人？

是什么性别的移民把新石器时代带到欧洲的？后来在青铜时代到来的移民，又是什么性别呢？这些移民是男性占多数还是女性占多数？借助遗传学研究，我们有可能知道某一批移民是否具有主导性别。在人类的 23 对染色体中，有一对染色体，即第 23 对，决定了我们的性别：男性的这对染色体为 XY，女性的则为 XX。因此，对于一个给定的人群，如果我们考虑所有男性和女性的 X 染色体上携带的所有基因，那么这些基因中的三分之二来自女性，三分之一来自男性。而对于基因组的其余部分，则会有一半来自女性，一半来自男性。

在一次移民中，如果只有女性前来，那么将有三分之二的 X 染色体来自这些女性移民的"老家"；而其余的基因组则是一半来自她们的"老家"，一半来自当地原住民男性。如果这群移民中只有男性，那么将有三分之二的 X 染色体是"当地"的，因为它由原住民女性所携带；三分之一来自这些移民男性。因此，通过比较 X 染色体和基因组的其他部分，就有可能追踪到移民是由男性还是女性组成的，还是两者兼有。

将这一推理应用于远古 DNA 的数据，结果表明将新石器时代带来欧洲的个体是"成双成对"到来的：男人和女人数量一样多。相比之下，对随后这些移民与欧洲本土的狩猎采集者结合的分析结果，则说明了这一结合过程的多样性。在北欧开展的一项研究表明，主要是女性狩猎采集者和男性农耕人口结合；而在东南欧的另一项研究则发现情况正好相反，在那里，在新石器时代末期，是男性狩猎采集者和女性农耕人口结合。

而对于青铜时代的第二次移民浪潮（来自里海沿岸大草原的移民）的研究，得到的结论则完全不同。这一次，主要是来自里海的男性将他们的基因传给了欧洲人。这意味着，要么这次移民浪潮是由男性构成的，要么移民中有男也有女，但是男人会更多地和当地的女性结合。当时的真实情况甚至更加复杂，因为在更远的东部地区观察到了相反的现象：在游牧群体中，更多的是狩猎采集者的男性与畜牧人口的女性相结合。不过，如今我们获得的数据仍然稀少，更多的数据需要在未来继续积累。

地理定锚

在这次青铜时代的"动荡"之后，欧洲的遗传多样性地图开始变得和如今的情况相似。在欧洲，这种遗传多样性遵循地理梯度的原则：遗传上接近的种群在地理上也接近。近到什么程度呢？从如今的某个个体的 DNA 出发，我们会在方圆 500 千米之内追溯到他的祖先。这种地理构型只适用于在本地定居的个体，即其 4 个祖辈都来自半径小于 100 千米的圆形区域之内。这些扎根当地的个体提供了两代人以前的遗传多样性信息，即 20 世纪初期，在 20 世纪的农村人口外流和更大规模的移民浪潮出现之前。

这种与地理位置相关的多样性分布始于青铜时代末期。随后的若干次移民，无论是来自欧洲内部还是来自外部，当今研究对其影响仍然知之甚少。已知的是，这几次移民的影响，不如大草原游牧人口的到来产生的影响。

巴斯克人之谜

然而，欧洲的一些民族却不符合遗传多样性和地理梯度之间的这种联系，比如撒丁岛人、西西里人、巴斯克人。这些人口与其他欧洲人的差异比地理梯度预期的更大。在这些例外中，巴斯克人的案例无疑是最广为人知的。长期以来，人们一直认为巴斯克人的遗传异常反映了来自旧石器时代的基因成分：他们应该是远古的狩猎采集者繁衍至今的后代，而不像其他欧洲人口那样，被来自中东的人口所取代。某种程度上说，巴斯克人是原始狩猎采集者的残留。

然而，最近的研究表明，这种看法是错误的。首先，所有的欧洲人口都是来自中东的新石器时代人口与旧石器时代人口相结合的结果：没有发生人口的替换。巴斯克人也是这种血统交融的"产物"，他们并不比其他欧洲人口更接近旧石器时代。此外，巴斯克人的基因组也是后来与青铜时代的草原人口，即里海北部的牧民混合的结果（虽然他们体内的这些基因数量要比不列颠群岛或东欧人口体内的数量少）。

归根结底，从遗传学的角度来看，巴斯克人的新石器时代程度或青铜时代程度并不比其他欧洲人口的低。他们的特殊性是后来才出现的：正是青铜时代之后出现的某种相对隔离，偶然地导致了巴斯克人的特殊性。

另一个基因上的例外是撒丁岛人，他们体内没有青铜时代游牧人口的基因成分——他们的祖先避开了这种结合。因此，如今的撒丁岛人是与欧洲新石器时代人口最相似的群体。这就是为什么来自新石器时代的冰人奥茨，在基因上与撒丁岛人很接近！

因此，从遗传学的角度来看，目前的一些欧洲人口非常类似欧洲新石器时代晚期的人口，他们的祖先并没有和青铜时代来自草原的人口结合。除了这些特殊情况，所有的欧洲民族都有以下 3 个来源：欧洲早期的旧石器时代人口，中东的新石器时代人口，以及来自大草原的青铜时代人口。两个如今已经灭绝的古代人口和撒丁岛人一样，也没有受到来自青铜时代移民的影响，他们是统治克里特岛的米诺斯人和意大利的伊特鲁里亚人。

LA DOMESTICATION
DU CHEVAL AU
KAZAKHSTAN

　　欧洲的情况就如上一章所言，与此同时，在亚洲发生了什么事呢？是否发生过类似的大规模人口迁移？里海北部草原上的颜那亚人也向东迁移了吗？大约5 000年前（即公元前3000年），生活在哈萨克斯坦平原上的，是所谓"博泰人"，正是通过他们证明了人类对马匹的驯化及对马奶的食用。并没有证据表明是颜那亚人驯化了马匹。颜那亚人确实也向东方迁移了，但没有在中亚留下任何基因痕迹，也就是说，他们没有与可以关联到博泰人的个体发生任何基因交换。更令人惊讶的是，在远至俄罗斯、中国、蒙古和哈萨克斯坦接壤处的阿尔泰山脉发现了颜那亚人的遗传痕迹，仿佛这些颜那亚人直接"跨过"了中亚地区。

　　然而，中亚的大草原不会一直与高加索地区的人口保持隔离。大约 4 000 年前（即公元 2000 年前）的青铜时代末期，一种新的西部草原文化——辛塔什塔（Sintashta）文化在这些地区出现了。该文化出现在乌拉尔地区，并且辛塔什塔人会驾驭马匹。辛塔什塔人向中亚迁移，并在中亚留下了至今仍然可被检测到的基因印记。辛塔什塔人的基因组与颜那亚人的基因组不同，前者包含了位于更西部的欧洲人口的一些基因组。

总而言之，中亚地区见证了两次移民潮：颜那亚人的移民潮和 1 000 年后的辛塔什塔人的移民潮。两次移民潮分别向东和东南方向，远至印度。与欧洲的情况一样，这些移民碰上了当地的人口，即该地区古代狩猎采集者的直系后裔。移民群体与当地的不同人口结合，产生了各种各样的基因混合，最终的结果是，在青铜时代结束时，欧亚大陆上遍布遗传多样化的人口群体。

为了探索这种起源的地理拼图，我和同事想把我们的人口采样扩展到阿尔泰山脉地区。在此之前，我们主要在中亚的乌兹别克斯坦、吉尔吉斯斯坦和塔吉克斯坦采样。由于东西方之间的重要基因交换也发生在阿尔泰山脉地区，我们决定扩大工作范围，以囊括尽可能多的东方民族，从畜牧民族到游牧民族，再到狩猎采集者部落和淡水渔民部落。

从索尔人到图巴拉尔人

阿尔泰山脉，5 月。这天的傍晚时分，我们安排了一次短途旅行，前往捷列茨科耶湖畔，这是一片壮丽的蓝色水域，在群山环绕之间。湖水之深（超过 300 米），让我想起了瑞士的日内瓦湖。过去的 3 天非常艰苦。为了更好地探索这一地区的历史及其与中亚之间的联系，我们确定了几个要采样调查的族群，其中就包括图巴拉尔人（Tubalar），他们一直生活在森林中，主要以狩猎和捕鱼为生；另外一个拥有同样森林生活方式的现存族群是索尔人（Chor）。

我们在梅日杜列琴斯克受到了热烈欢迎。几位艺术家邀请我们去家里住了两天，并邀请了他们的朋友前来，这样我们所需要的半数采样就完成了。另外半数的采样工作在采矿小镇舍列格什（Sheregesh）完成，那里有一位萨满镇长作为我们和当地居民沟通的中间人。有了这样的中间人，我们的采样任务轻而易举就完成了！

接下来，我们得和图巴拉尔人——生活在森林中的人口群体——打交道了。但我们似乎运气不佳：就在我们抵达阿尔泰山脉的几天后，从哈萨克斯坦发射的为国际空间站提供补给的联盟号飞船（Soyuz）在这个族群居住的地区坠毁……官方称，这艘飞船没有留下任何踪迹，它在进入大气层时被烧毁，落在一个"荒芜"的地区。总之，这个地区被整体封闭了。于是我们改变了计划，将对图巴拉尔人的采样放在项目的最后阶段，希望这个地区能够重新对外开放。一周后，我们果然等到了。我们到达时，看到一辆辆汽车在这里穿梭，寻找联盟号的残骸！

虽然在索尔人中的采样很顺利，但在图巴拉尔人那里，就是另外一回事了！图巴拉尔人也是森林民族，但和以恢复古代传统为荣的索尔人不同，对图巴拉尔人来说，伏特加才是"正事"。酗酒在这个偏远地区造成了严重的人口流失，墓园中到处都是年纪轻轻就死于酒精（因为酒后打架或者事故）的青壮年的坟墓。此外，下午的村庄空无一人。我们在村里的诊所安顿下来，开始采样。在医生和护士的鼓励下，女性们来到这里，心甘情愿地配合我们的采样。然而，只有一位男性主动前来。为了找到更多男性参与者，我们在护士和这位信任我们的图巴拉尔男性的陪伴下，逐户前往男性的家里，试着说服他们参与采样。

任务结束的第二天，我们出发前往该地区的首府巴尔瑙尔市，从那里乘飞机出发，带着样本回国。回到巴黎，在分析了样本的 DNA 之后，我们发现，正如预期的那样，图巴拉尔人和索尔人在基因上与其他当地人口（即游牧民族）不同。但是，令人惊讶的是，他们在基因上并不是最接近古代西伯利亚狩猎采集者的群体！相反，他们的邻居游牧民族更接近这些远古狩猎采集者。阿尔泰山脉绝对是一个遗传情况非常复杂的地区。

四轮车与旱灾

总而言之，在 5 000 年前至 3 000 年前，即公元前 3000 年到公元前 1000 年的青铜时代，中亚地区发生了基因剧变：来自高加索北部地区人口的基因向西强势涌入欧洲，而移民则向东迁移。为什么会发生这些移动？哪些因素可以解释它们？

首先，这一时期发生了一个重要的技术变革：颜那亚人发明了牛拉的四轮车；继而辛塔什塔人也发明了马拉的四轮车，他们的首领下葬时会用马和四轮马车作为陪葬。其次，这一时期也是一个重大的气候变化期，据记载，在距今 4 200 年左右（即公元前 2200 年），发生了一场大旱。气候变暖导致埃及文明、阿卡德文明，以及印度河流域的城市衰落。这段时期的干旱动摇了安土重迁的生活方式，而有利于更加游牧化的生活方式，或者至少是更多以畜牧业为基础的生活方式。

还有一个假说是瘟疫的影响。在这一时期的一些人类遗骸中，确实发现了鼠疫杆菌的遗传痕迹。鼠疫可能是通过这次迁移传播到东欧的。但我们在瑞典发现了更早的鼠疫杆菌的痕迹！因此，瘟疫并不是来源于简单的人口迁移。简而言之，关于这些迁移的原因，仍然有待回答。

让我们主张这样一个事实，即所有移民潮都会导致移民与当地人口的基因混合。这种混合是突然出现的，还是循序渐进的？结论是没有必要想象来自大草原的成群结队的"外族入侵"，经过几代人的渐进式混合，会得到相同的遗传结果。一个在考古学时间尺度上看起来"很快"的事件可能需要几十年甚至几个世纪。

"印欧语系"是怎么回事

人们迁移时，携带着他们的基因、生活方式，还有他们的语言。假设基因和语言是同时到达的，那么对这些古老 DNA 的研究让我们能够重新审视今天分布在从欧洲到印度、属于印欧语系的各民族语言的起源。除了巴斯克语，所有欧洲语言都属于印欧语系，关于这一语系的起源，有两种主要的假说。第一种假说认为，印欧语系的祖语[1]诞生于新石器时代的小亚细亚半岛，然后随着农业的发展向外传播。第二种假说则认为，印欧语系是随着青铜时代的人口迁移出现的。

如果按照严格的推理，假设语言及其使用者是同时到来的，那么印欧语系在新石器时代从小亚细亚半岛向外扩散的假说就不成立：安纳托利亚人没有把他们的基因带到印度河流域，印度河流域第一批农民的基因成分来自更东部的伊朗的一个地区（位于扎格罗斯山脉），然后混合了北方人口的基因。此外，巴斯克人的语言不属于印欧语系，他们在遗传上却部分是小亚细亚半岛新石器时代人类的后代。

在这种基因和语言同时扩散的有力前提下，让我们来检验第二个假说：在青铜时代，一个来自高加索东部地区的民族把印欧语系的语言带到了欧洲南部和东部（他们把吐火罗语带到了阿尔泰山脉地区，这是印欧语系的一个分支，现在已经消失了）。但这种假说也有局限性。通过分析一些赫梯人[2]的遗骸，

---

[1] 又称原始语、基础语或母语，是历史语言学的重要概念，指同一系属中若干相关语言的共同祖先——一种古代语言，或者是处于语言起源的某一阶段，尚不能称作"语言"的沟通体系。——译注
[2] 赫梯是一个位于小亚细亚中部的亚洲古国，公元前 2000 年兴起于小亚细亚。——译注

发现虽然这些人说的是印欧语系的语言，但是从遗传学角度来看，他们体内不含有任何来自高加索东部人口的基因。

因此，语言及其使用者同时传播的设想仍然是一个因为存在少数例外而受到质疑的假说。我们也可以很容易地想象，印欧语系起源于小亚细亚半岛，之后通过文化传播向扎格罗斯山脉扩散，然后人口和他们的语言又朝着印度方向传播。另外一边，新石器时代的人类从小亚细亚半岛出发，一路往西，向巴斯克地区迁移，但这次没有发生语言上的更迭。

虽然在全球范围内，遗传学和语言学的研究都表明基因和语言之间具有良好的匹配性，表明了民族人口和语言的同步迁移，但这种普遍模式也存在很明显的例外。例如，土耳其人说的是土耳其语，但在基因上与中东人更相似，而与从土耳其到阿尔泰山脉的其他说突厥语系的人口并不相似。在这个例子中，出现了语言的更迭，而没有发生基因的迁移。此外，认为印欧语系起源于单一的人口，也许已经是一种过于简化的愿景。所以，研究员们，回到实验室去吧！

{ *5 000* 年前 }

LA RENCONTRE
PYGMÉES-BANTOUS

俾格米人与班图人相遇

无论是在欧洲、中东，还是在中亚，农业人口的到来都深刻地改变了当地居民的生活。那么，双方是怎么"打照面"的呢？是狭路相逢勇者胜吗？一个非洲的例子提供了部分答案：5 000年前（即公元前3000年），班图人来到了俾格米人的领地。

"特定性别"的基因交流

彼时，新的人口来到中非地区，并带来了一种新的技术：刀耕火种的农业。新来者说的是班图语，起源于喀麦隆。然后，班图人迅速遍布了整个非洲，以至于来自加蓬的班图语者和来自莫桑比克的班图语者之间几乎没有基因差异。与此同时，从前占据了大片毗连领土的俾格米人也分裂成了若干亚群。鉴于这两种现象是同时发生的，我们有理由认为，班图人在中非地区的定居，导致了俾格米人种群的四分五裂。与在欧洲和亚洲的情况一样，俾格米人种群随后与邻近的农耕人口交换了基因。

我的团队通过研究得出的结论之一是，正如上文中提过的，俾格米人和邻居之间的基因交流是"不对称"的。我们观察到从农业人口向俾格米人的基因流动，但从俾格米人向农业人口的基因流动极少。鉴于民族学家对这两个群体的了解，这一结果非常令人惊讶：事实上，俾格米男性几乎不可能娶到来自农业人口的妻子，而农业人口的男性娶一位俾格米女性，虽然不常见，但也是可以被接受的。排除任何性吸引的因素，只从现实的角度来看，俾格米女性被认为"好生养"，并且需要的嫁妆也比较少。

在俾格米人和附近农业人口的社会中，有女性"从夫居"的习俗。因此，如果一位村民和一位俾格米女性结婚，后者会随丈夫住在村里。那么基因流动的方向应该是从俾格米人流向非俾格米人。然而遗传学的研究结果显示情况恰恰相反。导致这种矛盾现象的原因很简单：俾格米女性或者她们的孩子，最终几乎总是会回到家乡。事实上，俾格米人被村民认为是"劣等"的。因此，不管是俾格米女性离婚后带着孩子回到俾格米老家，还是只有孩子离开，孩子身上携带的"农民"基因最终都只会在俾格米人身上找到。

这里，基因交流是限于"特定性别"的：正是这些女性来往于俾格米人和农业人口之间，并以某种方式通过她们的孩子将农民的基因带入了俾格米人的基因库。这个例子很能说明问题。它表明，在没有发生暴力占领的情况下，通过连续的基因混合（尽管在每一代中，这些混合都很罕见），本地人群的 Y 染色体基因库几乎可以在短短几代中就被新来者的基因库完全取代。

基因混合的另一个影响：身高

这些基因混合也对个体的身高产生了影响：俾格米人体内的非俾格米基因越多，他的个子就越高。这一结论对于理解俾格米人的小个头至关重要。它以不可否认的方式证明了，这个令欧洲人大为震惊的特征（别忘了，俾格米这个词来自古希腊语 pugmaîos，意思是"一肘长"）是由基因编码的。事实上，如果个体的身材矮小仅仅是由于饮食质量差或经常接触病原体，那么俾格米人的身高就应该与他们的基因构成无关。

从这些数据中可以得出的第二个结论是，大量的基因参与了对这种矮小身材的编码。如果情况不是这样，例如只有一两个基因影响个体的身高，那么俾格米个体的身高和体内农民基因组的百分比之间就不会像我们观察到的那样，有如此明显的相关性，基因混合与个体身高之间的联系就不会那么清晰和明显，俾格米人就会有高有矮。

但是，为什么俾格米人"选择"了小个头？正如我们看到的，这种矮小的身材被认为是对热带雨林生活的一种适应，但我们并不能确定。为了解释小个头和更好地适应雨林生活之间的关系，研究人员提出了多个假设，其中一些相当荒谬，比如小个头可以跑得更快，在狩猎时会成为一种优势。问题是：在北欧也生活着不少森林人口，比如瑞典，那里人们的个头可不小……

一个更严肃的假设是，身材矮小可以使个体性成熟得更早，在热带雨林的生活环境中可以提供生殖优势；但是，一项成功描述俾格米人生长曲线与其年龄之间关系的详尽研究证明，这种效应并不存在。这些数据是最近收集的，因为俾格米人不知道自己的年龄，也没有出生登记。喀麦隆森林中的一个村庄是这一规则的例外：在过去的 20 年里，修女一直在完整地记录那里的出生情况。但是，即使是这样，这些数据也存在缺陷。例如，如果一个孩子在婴儿期死亡，下一个孩子将拥有相同的名字，可能不会被登记（对父母来说，在某种程度上他们是同一个孩子）。

解决这一调查缺陷的唯一办法，是每年至少前往当地一次，追踪人口中的个体。这就是一些研究人员 15 年来一直在做的事情。因为这项研究，我们知道了俾格米人并不会比非俾格米人更早达到性成熟。在整个童年和青春期，他们的生长速度甚至更慢。

性选择

第三种假设看起来"赢面"很大：性选择假说。在迄今为止被分析的所有人类种群中，女性都对更高大的男性有性偏好。

欧洲社会也是如此：高大的男人不太可能没有孩子，他们更容易获得生育的机会。最终，高大的男性在繁殖方面获得了优势，他们的平均子女数量更多。从长远来看，这种选择导致了个体身高的增加——更高大的个体能更好地传递其基因。那么，会不会在俾格米人中，情况恰好相反呢？如果俾格米女性更喜欢身材矮小的俾格米男性呢？

田野调查再次成为必要之举，我们得去实地为每对夫妇测量身高。然而，最终得到的数据与对高个子男性的偏好是一致的。定性调查也证实了这一点：对俾格米男性来说，很难想象和一个比自己高的女性生活在一起；对俾格米女性来说，则希望伴侣是比自己高的男性。性选择假说黯然退场！

关于俾格米人矮小身材的最后一个假设是对体温调节的适应。在炎热而潮湿的环境中，产生较少的体热对个体更有利。并且，个体所散发的热量取决于身型和身高。身材矮小的人往往会产生更少的热量。这是一个有待验证的假设。为此，我们仍然需要等待遗传学来确定参与体温调节的基因，并观察这些基因在俾格米人群体中是不是自然选择的结果——这是适应的标志。

对病原体的抵抗力

让我们先回到本章的主题。我们发现，俾格米人由于和附近的农业人口发生了基因混合，因此他们的身高受到了影响。这种效应是相互的吗？在班图人扩张期间，这些农业人口的基因是否也发生了变化？

来自西非的农业扩张也被称为班图人的扩张，很可能是从喀麦隆开始的。这无疑是历史上极为重要的定居浪潮之一，无论从规模还是速度上看都是如此：在不到 2 000 年的时间里，班图人就到达了东非的大湖地区。以至于，来自这次移民浪潮的人口，比如东非地区津巴布韦说班图语的人口和喀麦隆的人口在基因上非常相似。

在班图人口中观察到的唯一的基因差异与这些移民在沿途中和其他人的"相遇"有关，比如我刚刚提到的俾格米人。但是，通过深入研究班图人的基因组，也有可能检测到源自他们遇到的其他当地人群的基因痕迹。于是，我们得到了一个有趣的结果：班图人从当地人口获得的基因里，有一些参与免疫反应的基因。这些基因赋予了新来的班图人在不断扩张的过程中，应对新病原体的适应能力。

这种类型的基因混合就是遗传学家所说的适应性混合。现代人在遇到尼安德特人和丹尼索瓦人时，也是同样的机制在起作用。多亏了来自这些"表亲"的基因组片段，现代人能够更好地适应病原体，或能够更好地耐受寒冷和高海拔的环境。

疟　疾

在这场与疾病有关的基因交换中，俾格米人明显是历史中的"失败者"，他们的基因被农业人口有缺陷的基因所"污染"。

最著名的例子就是镰刀型细胞贫血病。这种疾病与编码血红蛋白的基因突变相关，当个体携带一对分别来自父亲和母亲的这种突变基因时，就会罹患镰刀型细胞贫血病。在得不到治疗的情况下，这种疾病会导致儿童在 5 岁之前死亡。

根据进化论的思想，这种不利于生存的基因应该通过几代人的自然选择而消失。然而，个体在只携带单个片段时，却会获得生存优势。事实上，单个片段可以有效防止感染一些病原体，比如导致疟疾的恶性疟原虫。因此，在疟疾高发的地区，该基因的保护性好处大于贫血带来的坏处，因此该突变保持在 10% 的高频率。

在中非地区的大多数热带地区和南亚都是这种情况，地中海地区该基因突变的频率则稍低一些（别忘了科西嘉平原可是疟疾的高发地区）。通过目前的基因数据，已经可以确定这种有效抵抗疟疾的突变被选择的时间——发生在大约 7 000 年前的新石器时代。

农业人口迁入俾格米人居住的雨林地区后，他们开始了刀耕火种，这助长了蚊子的繁殖，从而导致了疟疾的到来。赋予个体抵抗疟疾能力的基因突变通过基因混合进入了俾格米人的基因组，然后通过自然选择提高了出现频率。这又是一个适应性混合的例子，但俾格米人也因此付出了沉重的代价——镰刀型细胞贫血病。

勇敢的水手登陆
波利尼西亚

　　大海，最后的疆界。当班图人在 5 000 年前完成迁徙时，其他地方的人类也登上了岛屿，甚至一些大陆，比如新几内亚岛和澳大利亚，但他们始终未能再东进一步，到达称为"远大洋洲" [1] 的地方。然而，大约 3 000 年前，有一群人类冒险出海，最终踏上了波利尼西亚西边的新赫布里底群岛。今天的我们之所以知道这一事件，是因为在岛上发现了一种以独特的陶器风格为标志的文化，即拉皮塔文化（Lapita Culture），这一文化起源于大约 5 000 年前的台湾岛。

---

[1] 太平洋地区可以分为近大洋洲和远大洋洲，近大洋洲包括新几内亚岛、俾斯麦群岛和所罗门群岛；远大洋洲包括密克罗尼西亚、圣克鲁斯群岛、新赫布里底群岛、新喀里多尼亚、斐济和波利尼西亚。——译注

这些勇敢的水手从何而来？通过分析大洋洲这些地区的现代DNA，表明这些岛屿上的个体是具有东南亚基因库的祖先和具有新几内亚岛基因库的祖先之间遗传混合的结果。在这种情况下，考古学数据和基因学给出的结论是一致的：移民来自台湾岛，或者至少来自东南亚。接下来的问题就是，他们是走什么路线来的，以及怎么来的……

一个主流的理论认为，拉皮塔人（他们制造的陶器被称为拉皮塔陶器）是通过新几内亚岛到来的，他们曾经在那里与当地人口结合，然后继续向东，抵达波利尼西亚。在这种情况下，这些航海先驱，即第一批登陆群岛的拉皮塔人，必须具有巴布亚人-台湾岛民的混合基因。位于新赫布里底群岛的特欧玛（Teouma）遗址却对这种说法提出了挑战：新赫布里底群岛最早的人类遗骸中并没有巴布亚人的基因成分，目前只发现了来自东南亚的遗传成分！这意味着拉皮塔人直接从东南亚来到了新赫布里底群岛，并没有与巴布亚人结合过，二者之间的结合发生在之后。这就是所谓"快车假说"，意思是拉皮塔文化迅雷不及掩耳地传播到了西波利尼西亚。

简而言之，远大洋洲的第一批居民并没有来自新几内亚岛的祖先。通过比较这些古老的远大洋洲人的DNA和东南亚人口的DNA，他们所走的路线变得显而易见：经过台湾岛和菲律宾群岛，绕过新几内亚岛北部，最终到达了远大洋洲。真是一段雄心勃勃的旅程。

到复活节岛去

随后，远大洋洲的先民与巴布亚人结合，更勇敢的航海者就此诞生。他们的后裔将在 2 000 年后，即公元前 1000 年左右，在包括复活节岛在内的东波利尼西亚定居。这一次，航线之长令人咋舌：为了到达一座新岛屿，他们至少需要在海上航行数日，最重要的是，必须能够找到岛才行！凭借着基于星座绘制的高精密导航图，这些波利尼西亚人跨越了数千千米的无人区，比克里斯托弗·哥伦布跨越大西洋要早得多！也正是在这一拨定居浪潮中，波利尼西亚人到达了新西兰，成为毛利人的祖先。

自然选择显然会在迁徙过程中留下痕迹。如今，在太平洋中部、瓦利斯和富图纳以东 600 多千米的萨摩亚群岛，有 80%的居民超重或肥胖。这是世界上肥胖症发病率最高的地区之一。通过分析 3 000 名萨摩亚人的 DNA，研究人员识别出了一个与体重和空腹血糖水平有关的基因突变。这个基因突变显示了来自过去的高强度自然选择的特征。这个突变的用处是什么呢？显然，它可以让身体以脂肪的形式储备能量。

这是所谓"节俭基因"假说的一个很好例证。根据这一假说，如果在过去的某个时期，食物变得匮乏，或者出现了饥荒，那么自然选择一定会有利于那些能够以脂肪形式储备能量的基因突变。这是一种度过困难时期的保险。然而，在一个食物丰盈的环境中，这种古老的适应性就会成为损害健康的因素，因为它导致了超重、肥胖症和 2 型糖尿病。

"节俭基因"假说解释了为什么地球上的一些人群更容易罹患糖尿病。以美国为例，研究表明，尽管美洲印第安人群体的饮食习惯与其他美国人（拥有欧洲血统）的一样，但前者罹患 2 型糖尿病的风险更高。

　　正如我们所看到的，过去对某种饮食的适应性会在当代人口的健康状况中留下痕迹。我和同事于是有了一个想法，即在中亚地区测试这一假说。在中亚，农业人口与游牧人口共同生活，他们的饮食习惯天差地别。农业人口更多地以谷物为食，而游牧人口因为食用更多的肉类和乳制品，饮食中的蛋白质含量更高。通过详细分析饮食成分和测量个体的生理状况，我们能够证明，游牧人口罹患 2 型糖尿病的概率几乎是农业人口的 2 倍！

{ *3 000* 年前 }

LA GRANDE CHEVAUCHÉE
DES SCYTHES

斯基泰人的伟大征程

在古代族群中，有一个族群曾给人们留下了深刻的印象，那就是斯基泰人（Scythes）。这些让希腊人惧怕的"野蛮人"首次被记录下来是在希罗多德[1]撰写的《历史》（*Historiae*）中。希罗多德用"斯基泰"这个称呼来指代这些说伊朗语的游牧骑兵，他们于欧亚大陆中部崛起，并在此地发展壮大。

今天，考古学家能够通过发掘与其物质文化相关的坟墓，以及在蒙古、阿尔泰山脉和天山山脉发现的库尔干[2]中的岩刻

---

[1] 希罗多德（Hérodote，约公元前484—公元前425年），古希腊作家，他把旅行中的所闻所见，以及波斯阿契美尼德帝国的历史记录下来，著成《历史》一书，该书是西方文学史上第一部完整流传下来的散文作品。——译注
[2] 库尔干（Kourganes）是一种构建于坟墓上的坟冢，通常的特征是包含单个人体及墓葬器皿、武器和马匹。最初在东欧大草原上使用，公元前3世纪进入中亚大部分地区及东欧、西欧和北欧。——译注

来了解斯基泰人。迄今为止，斯基泰人是已知最古老的马上族群。最古老的骑马痕迹是在蒙古发现的，那里有一处可以追溯到 3 200 年前的斯基泰遗址！

斯基泰风格的坟墓遍布从欧洲中部到西伯利亚的广袤区域。在俄罗斯的图瓦共和国发现了华丽壮美的斯基泰王陵，比如阿尔然 1 号大墓（Arzhan 1）和阿尔然 2 号大墓（Arzhan 2）。在哈萨克斯坦，也发现了以华丽的马饰品而闻名的贝雷尔遗址。在斯基泰文化中，动物形象的艺术品占主导地位。斯基泰人参与丝绸之路沿线的贸易，通过交换珍贵的织品和马匹，控制了这些路线，并依靠城市中心提供的奢侈品和粮食作为他们食物来源的补充。

今天的我们知道，斯基泰人是一组多样化群体的统称，这些群体有着一些共同的传统，但也有不同的历史。例如，东斯基泰人曾与中华帝国发生冲突，而西斯基泰人据说后来成了萨尔马特人（Sarmatians，公元前 500 年至公元 400 年间生活在东欧草原上的骑兵族群）。斯基泰人的故事引发了后人无尽的想象，比如，在传说中，萨尔马特人是斯基泰男性和阿玛宗（Amazones）[1] 女性结合的后代，这些阿玛宗女性被从土耳其卡

---

[1] 阿玛宗人是古希腊神话中一个由女战士构成的民族，阿玛宗人占据着小亚细亚半岛、弗里吉亚、色雷斯和叙利亚的许多地方。希罗多德认为这一民族来自位于萨尔马特斯基泰一带的地区。根据一些考古遗迹，古萨尔马特女性有可能参与过战争，所以有一小部分学者认为阿玛宗女性确实在历史上存在过。——译注

帕多西亚地区驱逐，经过黑海一路北上来到斯基泰地区。长期以来，斯基泰人的出现给历史学家提出了一个问题：不同的斯基泰群体是否有单一的共同起源？如果有的话，这个起源是来自东方（西伯利亚）还是西方（匈牙利）呢？

遗传学的答案

针对出土于不同遗址的人类遗骸的基因研究为这个问题提供了答案。匈牙利的斯基泰人与其他生活在更东边的斯基泰人不同，后者被称为萨迦人（Saka）[1]。尽管如此，所有斯基泰人都一定程度上算是青铜时代草原牧民的后裔，起源于青铜时代末期的辛塔什塔人，而不是来自高加索草原的首批移民。

在斯基泰人四散发展之后，他们与当地人口发生了基因混合：匈牙利斯基泰人与欧洲人混合，阿尔泰山脉和蒙古东部的斯基泰人与西伯利亚的狩猎采集者混合，中亚的斯基泰人则与南方的人口混合。斯基泰人的历史是一个很好的例子，说明了不同种群即使具有遗传多样性，文化也可能具有某种同质性。

故事并没有就此结束。几个世纪过去，这些斯基泰种群纳入了越来越多来自东方的基因成分。此外，如果我们再往东走，回到公元前 1300 年到公元前 900 年之间的蒙古，会发现一个非常有趣的情况，即在没有基因改变的情况下，出现了一种新的

---

[1]《汉书·西域传》中称"塞种"。——编注

生活方式。

　　通过分析来自蒙古库苏古尔地区 22 个考古遗址中的人类遗骸牙齿上的牙垢，研究人员证明了这些古人的饮食中富含乳制品（这证明人类是在蒙古第一次饲养动物以获取食用乳品）。从遗传上看，这些个体具有欧亚大陆东部地区人口的特征，几乎没有来自西方的基因输入，而他们的动物却来自西方。换句话说，这些古人从别人那里"借鉴"了新的生活方式，却并没有和对方发生基因混合！这与农业抵达欧洲时发生的事情正好相反！

IV

第四部分

统治的时代

L'ÂGE DE LA
DOMINATION

瓦尔瑟里讷河　　莫斯科　　克孜勒　　图瓦共和国

冰岛

英格兰
(英国)

苏格兰
(英国)

德文郡
(英国)

康沃尔郡
(英国)

拉罗谢尔
(法国)

摩洛哥

克罗地亚

塞尔维亚

贝宁

喀麦隆

安哥拉

纳米比亚

南非

俄 罗 斯

科布多城　　贝加尔湖

乌兹别克斯坦

吉尔吉斯斯坦

阿尔泰山脉

蒙 古

乌兰巴托

大高加索山脉

黑 海　里海

土耳其　　格鲁吉亚

地中海

费尔干纳盆地

塔吉克斯坦

喜马拉雅山脉

印 度

布哈拉

以色列
巴勒斯坦

巴格达
(伊拉克)

叙利亚　　也门

沙特阿拉伯

加 拿 大

魁北克省

希库蒂米,
萨格奈 - 圣让湖区

芝加哥
（美国）

夏洛瓦

魁北克市

古巴

墨西哥

牙买加

波多黎各岛

加勒比海

巴巴多斯岛

伯利兹

圣文森特岛

洪都拉斯

圭亚那

苏里南

新西兰

波斯萨曼王朝在中亚地区的扩张

10 世纪，波斯人入主中亚。这些波斯人来自今天的伊朗，在当时属于萨曼王朝，他们向东，在丝绸之路的沿线定居——后来这片土地成为乌兹别克斯坦领土。萨曼人守护着这些领土，抵御来自土耳其草原的游牧民族的侵扰，同时确保贸易路线的安全。财富和军事力量助长了萨曼人的欲望，他们渴望将首都布哈拉变成智慧与知识的中心，与当时的另一个经济文化中心、伟大的巴格达平起平坐。伟大的数学家、代数的创造者花剌子米（Al-Khwârizmî）就出生在布哈拉以东几千米的地方。

语言和遗传有关联吗

虽然萨曼人在中亚地区动荡的地缘政治中扮演了重要角色，但在人类基因的伟大史诗中，他们占据的篇幅也不过只有短短的一页，只是人类历史上众多移民事件中的一个小角色。那么，为什么我对萨曼人的历史这么感兴趣呢？是因为他们留下来的"遗产"，也就是今天在布哈拉的大街小巷都能听到的他们的语言。除了基因数据，语言是另一条有助于重建人类迁徙路线的线索。但是，基因和语言总是"携手旅行"吗？正如我在前文中勾勒出的那样，一个简单的直觉会让我们认为，语言和基因是一起"迁移"的。大错特错！萨曼人和其他中亚语言的例子告诉我们，语言的接近和遗传学之间的关系十分复杂。

事实上，自20世纪90年代开始，在全球范围内，通过相当粗略但具有足够多样性的生物学标记，研究人员已经表明了"语言距离"和"基因距离"是相呼应的：两个种群在基因上越接近，他们的语言也就越接近。针对这一现象提出的一种解释是，在迁徙过程中，个体会携带他们的语言和基因，并会优先与讲相同或类似语言的个体结合。这一理论的支持者主张，如果一男一女用同样的发音表达"爱"这个字眼，他们就更容易结合。

这种解释很快受到了批评。反对者认为，语言和基因之间的关系不能简单地用地理学来解释。确实，语言学家早就注意到了，如果两个人群生活在距离很近的地方，他们往往会说同一种语言。但是，由于人们倾向于在离家较近的地方结婚成家，因此与语言相近的人结婚是合乎逻辑的结果，而不是一种基于语言的选择。用科学家的行话说，遗传学和语言学的联系，只是遗传学和地理学联系的一个假象。

为了更好地让读者理解其中的逻辑关系，让我来以法国每个城市的死亡人数和医生数量举个例子。实际上，死亡人数和医生数量之间是有关联的：一个城市的医生数量越多，死亡人数也就越多。莫非医生参与了连环谋杀？不不不，显然不是这样。实际上，还有一个隐藏的解释因素：城市的规模。城市的人口越多，医生数量也就越多，死亡人数自然也就越多。在语言和基因的关系中，这个隐藏的因素就是地理。

距离不能产生美

实际情况到底是怎样的呢？语言在选择配偶的过程中是否发挥了一些作用呢？中亚是探索这一问题答案的理想之地，因为那里生活着使用不同语系语言的人口。因此，在中亚有可能直接考察不同人口之间的交流，并观察讲不同语言这一事实是不是缔结婚姻的阻碍，以及观察他们是否更愿意选择说相同语言的人作为结婚对象。2004年，我组织了一个考察团，在萨曼王朝的古都布哈拉附近扎营，目的是为该地区说不同语言的代表个体采样。

除了平时的团队成员，这次我们还有一位语言学家陪同。这是第一个结合了遗传学和语言学的考察项目。我们首先在一个鲜花盛开的村落安顿下来，那里的人行道在葡萄藤架的绿荫下向前延伸，碎石路绕过百年的老桑树蜿蜒前行……在热心的村长借给我们的一间屋子里，语言学家同事询问每位参与者说哪种语言。所有人都说自己说的是乌兹别克语，但事实上，他们每个人都在用不同的词来表示相同的对象!

与世界上大多数地方一样，日常使用多种语言在这里是常态。这里的人能讲流利的乌兹别克语、塔吉克语，还有相当一部分人会说俄语。然而，乌兹别克语属于突厥语族，而塔吉克语属于印度-伊朗语族，是印欧语系的一个分支。这两个语族并不像两种方言那样可以相互对照理解，但在中亚，这两个语族相遇了。

这些如此不同的语言是从何时起开始共存的? 这种语言多样性是如何保持的? 我们很难知道某一种语言具体在何时到达某个地区，事实上，正如前文指出的，印欧语系的起源仍然是一个尚无定论的问题（一些研究者提出，该语系在新石器时代从新月沃土向外扩散；另一些研究者则认为，该语系起源于青铜时代晚期的高加索草原）。但有些里程碑事件是无可否认的。波斯人在 10 世纪入主中亚时，说的是来自西方的印度-伊朗语族语言，而在他们进入的中亚绿洲，当地人说的是来自东方的印度-伊朗语族语言，其中最著名的例子就是粟特语，这是丝绸之路上商人的语言。现在只剩下少数人群还在说东方的印度-伊朗语族语言，如雅格诺比人（Yaghnobi），他们生活在塔吉克斯坦的帕米尔山区；而其他的塔吉克人讲波斯语，是西方的印度-伊朗语族的语言。

中亚不仅是印度-伊朗语族两个分支的交汇处，也是说突厥语族语言人口的语言十字路口。注意，我说的是"突厥语族"（türk），而不是"土耳其语"（turc），这两者是不同的，后者指的是在土耳其使用的语言。换句话说，说突厥语族语言的人并不一定是土耳其人。突厥语族语言（一些语言学家将蒙古语并入其中，形成突厥-蒙古语族）的使用范围横跨欧亚大陆，覆盖从贝加尔湖一直到土耳其的广袤区域，估计共有 1.7 亿使用者。突厥语族语言来自阿尔泰山脉地区，在 4—13 世纪传播到中亚。

语言的旋律

为了回答之前提出的那个问题，即连接语言和基因的隐藏因素，我们设计了一个考察流程来控制，甚至可以说是为了排除地理邻近性的解释。在实践中，我们选择了生活在邻近地区、讲不同语言的人群，然后用遗传学来考察他们的婚配与交流情况。

我们的抽样活动历时数年，使得建立一个关于该地区语言多样性的特殊数据库成为可能。让我说得更准确一些，事实上，我们只考察了词汇的多样性，根据的是语言学家用作参考的 200 个词语列表，囊括了关于人体、数字、代词等术语。这些词语属于语言的基本词语，不大容易被其他语言借用。在每个村庄，团队里的语言学家会采访 2~4 个人。从俄语开始，语言学家让受访者将列表上的 200 个词语翻译成他们的方言，然后他将结果根据发音转录成字母。这项工作需要非凡的听力，而我们的语言学家同事不仅听力出众，还是一位出色的音乐家，具有绝对音感！

有几个词语被排除在我们的分析之外，因为它们不属于这些人群的词汇域。令人印象最深刻的例子是"海"，对沙漠之中或者喜马拉雅山麓的大多数村庄居民来说，这个词语毫无意义。很少有词语能够表达"海"的意思，但是却有"水塘""水坑""水"之类的词语。

从这些数据出发，再加上采集的 DNA 样本数据，我们能够计算出不同语言使用者之间的语言距离，并将其与他们之间的遗传距离做比较。这项详细的研究得出了几个结论，有些结论针对该地区的历史，有些则是更普适的关于文化互动的结论。

语言和基因并不总是相伴而行

第一个结论很令人惊讶：在中亚地区，遗传学与地理学的相关性很弱。地理上相距甚远的人群可能在遗传学上非常接近；反之，相邻村庄的人口在遗传学上可能非常不同。这一惊人的结果让中亚这一地区显得格外与众不同。除此之外，语言在很大程度上解释了人口之间基因的相似性和差异性。说印度–伊朗语族语言的人口在遗传上彼此接近，说突厥语族语言的人口也是如此，而两个群体之间存在着可测量的基因差异。

然而，基因和语言之间的这种密切联系也有例外。首先，说突厥语族语言的土库曼人从基因上看，属于另一个群体，即印度–伊朗人。换句话说，在过去，这些人群中出现了语言的替代现象。在过去的某个时候，说突厥语族语言的外族人自东方而来，导致土库曼人的祖先改变了语言，但双方并没有发生基因混合，或者只有很少的基因混合。

这可能是一个与政治统治有关的变化，但没有发生人口替代。此外，这种语言的变化也出现在其他说突厥语族语言的人群中，例如在土耳其并没有发现由来自说东方的突厥语族语言的人口带来的遗传痕迹。因此，从基因上看，土耳其人是中东人口的一部分，与说突厥语族语言的阿尔泰人口并不相同。在土耳其，历史上来自东方的入侵并未导致人口更替，语言和基因并未同时到来。

另一个不符合遗传学和语言学之间规则的例外是乌兹别克人。虽然乌兹别克语属于突厥语族，但乌兹别克人却是说印度-伊朗语族语言的人口基因库和说突厥语族语言的人口基因库的混合产物。

婚姻是件严肃的大事

除了这两个例外，中亚地区的遗传多样性显示出与两个语言系属分类相对应的两个群体：讲印度-伊朗语族语言的人和讲突厥语族语言的人。如何解释人口的这种分化呢？一种解释是，在语言不同的人群之间，存在结合的限制，这在基因水平上产生了影响。但语言以外的身份因素也可能限制两个群体通婚，因此，我们会错误地得出结论，认为交流受到语言的限制，而其他逃过我们注意的因素才是真正的解释。语言很可能只是其他差异的表象。

我们的研究更进了一步：基于田野调查，我们能够计算出语言系属内部的语言距离。然而，即使在说相同语系语言的不同人口之间，我们也测出了遗传距离和语言距离的强烈相关性。就我们所知，在这种更微观的尺度上，不存在限制交流的隐性文化差异。因此，语言的相似性和遗传的相似性之间存在着关联。

怎么解释这个结果呢？这几乎是一个教科书式的案例，因为遗传学和地理学之间的关系非常弱，所以不能用地理学的隐藏因素来解释这种接近性。对于上述结果，有两种非排他性的，甚至是互补性的解释。第一种解释是，语言和遗传多样性是共同演化的：如果两个种群交换的移民很少，那么他们的语言和基因也必然会出现分化。第二种解释认为，个体更愿意与说同种语言的人结婚，即使对方距离自己的村庄有几百甚至几千千米远。这种选择会在语言差异的细微层面上得到体现。有一次，我对一群哈萨克人说明了第二种解释，大家点了点头，然后告诉我，在他们的村子里，人们更有可能与说同样方言但住得很远的人结婚。

天主教徒与新教徒

至此，我们看到了一个文化特征，即语言是如何导致人口之间出现基因差异的。而导致这种现象的并不仅限于语言。例如，在印度，由于种姓的通婚限制，所以这些人口中存在基因上的特殊性。在荷兰，我们观察到一种与宗教相呼应的遗传结构：天主教徒与新教徒。在对英格兰人口开展的一项非常详细的遗传学研究中发现，康沃尔郡和德文郡的居民存在基因差异，然而两个地区之间没有任何地理屏障。

事实上，任何采取某种形式"内婚制"[1]的人类群体，无论是基于地理、语言、宗教，还是基于任何其他文化特征，都会在几代人的时间里积累出基因的特异性。"内婚制"的强度越高，持续的时间越长，差异就会越明显。这种现象无疑解释了巴斯克人的遗传特殊性，这是一种不见于铁器时代之前的古代DNA数据中的特殊性。

人类学家早就注意到，每一个人类群体都倾向于表现出与周围群体之间存在差异性。为此，群体会强调某些文化标准，以作为身份认同的基准。这些标准可以是食物、音乐、服装、语言、宗教……比如，自从塞尔维亚和克罗地亚分别独立后，两个国家都倾向于强调最能区分彼此的词汇元素，而以前两个国家的人说的是同一种语言，即塞尔维亚-克罗地亚语。对于更古老的时期，比如欧洲的旧石器时代，考古学家能够根据不同领地的不同风格的贝壳饰品来确定不同的文化区域。

这种文化多样性的驱动力如果导致了群体内部产生婚配选择，并且这种优先选择持续了几代人的时间，那么在遗传多样性中就会留下痕迹。不过，这些差异是很微小的，只有通过记录整个基因组的大型数据库才能测量到。

---

[1] 内婚制是一种约束男女必须在某一特定社会阶层、某社会团体、宗族内或家庭内选择配偶的婚姻制度。——译注

研究热点

实行完全内婚制的种群极为罕见，尤其是在没有地理限制的情况下，文化隔离是个例外。因此，在中亚地区，在发现使用不同语言的群体之间存在基因差异的同时，我们也发现了基因的混合。文化多样性和遗传多样性之间的联系不是绝对的，而是一种倾向。例如，高加索地区是语言多样性的研究热点地区，而且具有强烈的基因差异性；相反，同样作为语言多样性研究热点地区的喀麦隆，其人口之间的遗传分化水平却非常低。

这些数据可以用来追溯人口的历史吗？正如我之前提到的，如果想要让文化多样性和遗传多样性同步，文化差异必须与某种形式的内婚制有关，最重要的是，这种内婚制必须持续数代。此外，人口的规模也很重要。追踪这些不同的参数是群体遗传学研究的核心。然而，数年前，我们只知道如何测量基因的差异。在过去的 10 年里，由于数据的增加、概念方面的发展——利用从统计物理学中借用的理论（凝聚理论），以及计算机工具的力量，重建人口历史发展的最可能图景已经成为可能。

例如，我们已经能够估算出，今天的塔吉克人是来自欧亚大陆西部和东部的人口混合的结果，这种混合可以追溯到大约 6 000 年前；而今天的吉尔吉斯人则是大约 3 000 年前，来自东部的人口和已经在中亚定居的人口混合的结果。此外，吉尔吉斯人的人口规模一直比塔吉克人的小。从目前的遗传多样性来看，种群的部分历史是可以重建的。下一个挑战是要更好地了解文化多样性的演变机制。

{ **历史**的边缘 }

LES JUIFS DE BOUKHARA

　　早上 7 点，我们在布哈拉的法蒂玛酒店吃早餐。倏忽之间，天摇地动，椅子在颤抖，好像有一辆地铁正经过酒店下方：一场地震突如其来。我们迅速离开酒店，跑到大街上。显然，我们是唯一被地震吓到的人。这里地震频发，人们已经见怪不怪。如今乌兹别克斯坦的首都塔什干，就于 1966 年被一场大地震摧毁。这也就是为什么你能在现在的塔什干看到非常特别的建筑风格，为了重建这座城市，当年的苏联政府可谓举全国建筑人才之力。最引人注目的是一栋 20 层的建筑，在结构上，每隔两层就有一个圆形的花园庭院，公寓围绕着庭院建造。

犹太教堂

在这顿跌宕起伏的早餐之后，我们找到了"线人"。今天，我们要去布哈拉的犹太教堂，它坐落在迷宫般交错的小巷尽头。从外面看，教堂那扇华丽的木门与附近其他房屋的门没有区别。

"线人"是我们旅馆老板的朋友。就像布哈拉的其他犹太家族一样，他的家族在乌兹别克斯坦独立之后的旅游浪潮中如鱼得水。但是，与其他人不同的是，当大多数犹太人流亡欧洲或是美国、以色列的时候，他选择了留在这个国家。拉比[1]接待了我们，我们向他解释了我们的研究项目：我们所属的一个研究小组希望能够追踪犹太人散居地的遗传多样性，而我们对布哈拉的犹太社区非常感兴趣。确实，这里是亚洲最东部的犹太社区之一，其渊源可以追溯到很久之前。我们对拉比解释说，研究只需要每位志愿者提供几毫升的唾液。他是否愿意参加我们的项目，并且推荐其他的志愿者也来参加呢？

2 000 年的悠久历史

我们很幸运，拉比同意了。他解释说，该社区现在只剩下

---

[1] 拉比是犹太人中精通《希伯来圣经》《塔木德》的精神领袖、宗教导师阶层。拉比多有日常正职，但主要负责主持犹太教的宗教仪式。因此，拉比的社会地位较高。——译注

几个犹太家庭，他会立即联系他们。据拉比说，因为社区的规模越来越小，以至于现在的年轻人很难找到伴侣。我们在教堂等待，随着时间的推移，志愿者陆续到来。我们询问每一位志愿者是否同意我们拍摄，他们都拒绝了。对他们来说，在摄像头面前，也就是在公共场合把唾液吐到试管里，是不体面的。

这一天，有二十来位志愿者参与我们的采样。这对我们这个国际合作团队的其他同事来说，恰好是可以将这个社区的样本包含到整个研究项目之中的最低数量。我们安下心来，开始思考我们想要实现的研究目标。布哈拉的犹太人有一个口述传说，称他们的祖先是在公元前8世纪亚述人驱逐以色列王国时来到这里的。因此，他们的宗教传承已经持续了2 000多年，并且他们与其他犹太社区保持隔离。这项研究将会有助于厘清这段历史的细节——至少我们希望如此。

两年后，我们终于得到了基因测试的结果，并在一次田野调查中再度来到布哈拉，向拉比说明了这些结果：布哈拉的犹太社区在基因上与高加索地区的其他犹太社区相似，比如格鲁吉亚的犹太社区。他们都属于所谓"米兹拉希犹太人"（Mizrahi Jews）。

在基因上，每一个犹太社区都与其他社区不同：阿什肯纳兹犹太人（Ashkenazi Jews）和米兹拉希犹太人不同，塞法迪犹太人（Sephardi Jews，15世纪被逐出伊比利亚半岛的犹太人的后裔）和非洲北部的犹太人、印度犹太人、也门犹太人都不同。每个犹太人社区都经历过一段独特的历史。不过，所有的犹太社区都起源于黎凡特[1]，塞法迪犹太人社区、摩洛哥犹太人社区和米兹拉希犹太人社区甚至在基因上与黎凡特的非犹太人口非常接近。然而，有两个犹太社区并不起源于中东地区，分别是也门犹太人，他们是阿拉伯半岛（也门、沙特阿拉伯、叙利亚）人口基因上的表亲；以及印度犹太人，他们的基因更接近伊朗人和中亚人。在一些情况下，当地的犹太人口是由基因替换形成的，在另一些情况下，则是来自黎凡特的移民。

另一个有趣的事实是：在 Y 染色体和线粒体 DNA 已被分析的犹太人群体中，研究者发现，通过线粒体 DNA 实现的与当地人群的基因混合，总是多于通过 Y 染色体实现的混合。这意味着与当地人口的基因混合主要是通过犹太男性与当地的非犹太女性结合，而不是通过当地男性融入犹太社区来完成的。这是一个违反直觉的结论，因为犹太教是一个母系血统传播的宗教。

开放社区还是封闭社区

这种标志着犹太社区对当地人口开放程度的基因混合，对所有犹太社区来说都存在吗？并不是这样的。欧洲的阿什肯纳兹犹太人在基因上介于中东人口和欧洲人口之间，这表明他们之间经常发生基因混合；而米兹拉希犹太人（尤其是居住在布

---

[1] 黎凡特是历史上一个模糊的地理名称，广义指的是中东托罗斯山脉以南、地中海东岸、阿拉伯沙漠以北和上美索不达米亚以西的一大片地区。——译注

哈拉的这些）在基因上更接近黎凡特的人口，而不是当地人口。总之，与阿什肯纳兹犹太人相比，米兹拉希犹太人更少与当地的非犹太人结合。

米兹拉希犹太人的这种封闭性也存在于该社区的亚种群之中：通过利用大量的遗传标记，可以发现高加索地区的米兹拉希犹太人口与乌兹别克斯坦的米兹拉希犹太人口之间的区别。此外，从俄罗斯到意大利，所有的阿什肯纳兹犹太人口在基因上都是相似的——这正是这些不同社区之间反复混合 DNA 的结果。

有趣的是，同样的文化标准（也就是宗教）如何让一个群体对遗传贡献的开放程度产生不同的影响。为了更好地理解这个问题，需要做额外的分析。尤其是，有必要估算各个犹太人口群体是什么时候抵达高加索地区，以及随后到达乌兹别克斯坦的时间。而这段历史可能和犹太人的口述传说不符。当然，并不能排除，正如口述传说所说的那样，最早的犹太群体就是在 2 000 年前来到这里的，但最近在该地区定居的一个新群体构成了该社区现代遗传基因库的主要成分。在这种情况下，犹太社区与当地人口之间的基因差异与其说是高强度内婚制的标志，不如说是因为这个群体刚刚在这里定居，几乎没有时间和当地人口发生基因混合。

简而言之，对任何人口群体的详细分析都是一门引人入胜的学问，它提出了我们所有人都关心的问题：在什么情况下，我们所属的社区面对与邻近人口的交流，态度会变得更开放或更封闭？

维京人占领冰岛

巴黎在燃烧！成群结队的悍勇战士从斯堪的纳维亚半岛出发，沿塞纳河一路进入巴黎。这一切发生在 845—885 年。事实上，在 7—11 世纪，维京人曾经多次入侵这座城市，抢掠洗劫或者向居民索要贡品。维京人既是商人又是掠夺者，但他们首先是伟大的水手。古老的北欧传说讲述了维京人是如何在 1000 年左右发现了美洲大陆，比哥伦布还要早 500 年，纽芬兰岛上还留下了他们短暂停留并以此为跳板进入美洲大陆的痕迹。

不过，有一座岛屿，成了维京人的定居之地，那就是冰岛。目前的冰岛人口是 1 000 多年前从欧洲来到此处定居的一小群人的后裔，这批先民共有 8 000~16 000 人，来自斯堪的纳维亚半岛、爱尔兰和苏格兰。此后的几个世纪，冰岛一直处于孤悬海外的状态。

大约 10 年前，冰岛人开始了一项艰巨的任务：重建现有30 万左右居民的完整族谱！再结合基因数据，整个民族的族谱可以让我们详细了解冰岛人的历史。维京人在殖民冰岛的进程中扮演了什么样的角色？在历史的长河中，该岛居民的遗传基因发生了怎样的变化？通过测序几千位志愿者的 DNA，科学家描绘出了整个国家的基因画像。

当牙齿开口说话

　　2018 年，冰岛研究人员完成了几具古代人类遗骸的 DNA测序，这些遗骸可以追溯到 1000 年左右，是冰岛奠基者的同时代人。在 35 份 DNA 中，有 27 份质量足够好，可以进行分析。第一个引人注意的事实是，这些遗骸中有 79% 属于男性，这意味着最早的冰岛人会对不同性别的死者采取不同的丧葬方式。

　　通过对遗骸牙齿的同位素分析，我们知道这些人中的大多数是在冰岛出生的最初几代人口。在牙齿形成的过程中，牙齿的珐琅质会从个体生活的环境中捕捉到锶的同位素。通过比较在儿童早期形成的珐琅质中的锶含量与冰岛已知的锶含量，就可以知道一个人的童年是不是在冰岛度过的。

　　将冰岛的奠基者与如今的人口比较，会得到什么结果呢？我们会看到，这些移民中有 56% 是来自斯堪的纳维亚半岛的维京人，剩下的 44% 是来自大不列颠群岛（苏格兰和爱尔兰）的盖尔人。如果我们分析当代冰岛人的基因库，会发现维京人的基因在基因库中的占比超过 70%。因此，在冰岛人的发展历史上，维京人留下的后裔比盖尔人的多。

该如何解释这种繁殖优势呢？一些历史学家根据历史记载提出的一种解释是，一些盖尔人最初是作为奴隶来到冰岛的。由于社会地位比较低，所以他们繁育后代的机会可能比维京人的要少。还有一种假设认为，也有可能是 1380—1944 年间统治该岛的丹麦人在冰岛人的基因中留下了斯堪的纳维亚的印记。但这种假设经不起推敲，因为丹麦人的数量太少了——1930 年，8 万冰岛人中只有 700 名丹麦人。

最有可能的解释依然是：在一代又一代的繁衍中，维京人的繁殖效率更高。对冰岛当代人口的早期遗传学研究集中在对线粒体 DNA 和 Y 染色体的分析上。研究结果表明，大约 62% 的母系人口来自苏格兰和爱尔兰，而 75% 的父系人口来自斯堪的纳维亚。换句话说，维京人及其后代在繁殖方面的优势主要来自父系一方。

我们可以估算每一位冰岛奠基人是来自斯堪的纳维亚半岛的维京人还是来自大不列颠群岛的盖尔人，他们中的一些人实际上已经是这两个基因库的混合体。事实上，在定居冰岛之前，维京人也在苏格兰和爱尔兰定居下来。爱尔兰最近的一项研究估计，爱尔兰目前的人口基因库中，有 20% 来自维京人。

由于殖民时代的人类遗骸数量仍然很少，尤其是女性遗骸的数量非常缺乏，在未来分析更多的 DNA 样本将有助于我们更好地了解维京人的移民过程。

漂变的小岛

　　自从维京人定居以来，冰岛的人口基因是如何演变的？这座岛在历史上一直与世隔绝，人口密度相对较小。1850 年，大约有 5 万冰岛人；在此之后，人口迅速增长，达到了今天的 33 万居民。由于冰岛的人口规模相对较小，并且小岛长期孤悬海外，岛上人口经历了遗传漂变（即基因的随机突变），在遗传上变得与它的来源人口不同。因此，目前冰岛人的基因库不再与斯堪的纳维亚人或苏格兰人和爱尔兰人的基因库重叠了。相反，早期定居者的基因库完全被涵盖在斯堪的纳维亚人或盖尔人的遗传多样性之中。

　　如果种群规模较小，可能只需要几代人就能够观察到遗传漂变的现象。基因正是在从一代人传递给下一代人的过程中，出现了随机的漂变，或者说差异。如果某些个体具有很高的繁殖成功率，这种漂变还会加速，冰岛的维京人就是这种情况。遗传漂变现象在加拿大魁北克也得到了深入的研究。加拿大是在人口规模上重建族谱的先驱，为后来冰岛的同类工作铺平了道路。

成吉思汗的铁蹄
横扫欧洲

13 世纪初,成吉思汗率大军首次西征。这位蒙古族部落首领也是一位伟大的战略家,他成功收服了诸多蒙古部族,使之形成了一个强大的联盟。这支强大的军队一路向西,高歌猛进,将沿途遇到的部落兼并其中。虽然我们不会经常想起他,但成吉思汗在今天看来确实是一位传奇的人物。成吉思汗的骑马雕像矗立在乌兰巴托的蒙古国家博物馆前的广场上,博物馆里有一整座场馆专门用来纪念他。令人惊讶的是,博物馆的展览将遗传学的一些研究成果融入历史藏品之中。正是在这种背景下,2003 年发表的一篇科学论文在当地引起了轰动。

通过分析整个欧亚大陆上几个人口种群的 Y 染色体,遗传学家估计,生活在当年蒙古帝国领土上的近 10% 的男性(或者说 3% 的现代欧亚人)具有共同起源,可以追溯到大约 1 000 年前的遗传变异。而生活在 12 世纪至 13 世纪初的成吉思汗，据说拥有大量的妻子和孩子，所以这 10% 的男性是这位历史伟人的父系后代。这是一个惊人的发现，因此博物馆用一块大型展板介绍这一研究成果。在整个中亚，能够追溯到"天可汗"这位老祖宗，是一件很值得自豪的事情。

父系基因

所以究竟发生了什么呢？我们首先要介绍一个概念：当多数个体携带从同一位古老祖先的 Y 染色体上继承的遗传变异时，我们会说这些个体属于同一个 Y 染色体 DNA 单倍型类群（单倍群）。单倍群可以将具有相似遗传特征，并且拥有一位共同祖先的人归拢在一起。虽然把蒙古单倍群的归属安到成吉思汗身上的做法很冒昧，但后来证明，这一地区的几个单倍群已经通过代代相传迅速传播，直到这些个体在当代人口中变得相当常见。人们喜欢传奇故事，所以其中一个单倍群被称为成吉思汗单倍群，而另一个单倍群则被称为清朝单倍群。据说，后者的起源是一位女真首领爱新觉罗·觉昌安，他于 1583 年去世，是清太祖努尔哈赤的祖父。

这样一种单倍群的出现，意味着从老祖宗伊始，不仅有儿子，还有孙子、曾孙、玄孙……以及随后的二十多代男性继承人，并且每一代男性都具有很高的繁殖成功率。换句话说，单倍群告诉我们，生育上的成功已经代代相传。

不过，一条男性谱系怎么会在繁衍上如此成功呢？答案是，所有这些兴旺发展的单倍群都有一个共同点，那就是它们都处于传统的父系社会之中。也就是说，社会是按照宗族、氏族和部落组织的，每个人都归属于与其父亲相同的实体。此外，这些不同的社会阶层像套娃一样组合在一起：同一宗族的成员有一个最近的父系祖先；宗族组合成的氏族也有一个共同的父系祖先；最后，各个氏族又组合成一个部族。

在这些父系社会中，身份、财产和社会地位是通过父系传承的，个体对自己的父系家庭格外熟悉。这些社会谱系是基本性的，因此在整个中亚地区，很容易就能找到追溯这些谱系的家谱。有一次，在吉尔吉斯斯坦，我甚至看到了市政厅的墙上记录了一整个村庄里所有男性的完整家谱。在一些地区，每个人都将自己的父系族谱熟记于心，有的族谱甚至超过十代。这些社会结构也决定了一个人可以或不可以和谁结婚的规范：可能会和宗族或者氏族之外的人结婚，但有可能的话，还是要和同一部族的人结婚。

传说还是事实

父系血统规则是否会影响遗传多样性，并解释这些高频存在的单倍群呢？为了回答这个问题，描述性的家谱必须与生物学意义上的家谱相对应。换句话说，当两个个体声称拥有一个共同的祖先时，指的只是一个神话故事，还是他们真的有一个共同的祖先？

通过将这些基因数据与中亚人口记载的家谱做比较，我的团队发现，来自同一谱系的个体确实具有父系方面的相似性。在宗族层面上也可以观察到同样的关联性——虽然不那么强烈。不过，到了部族层面上，这种关联性就消失了。换句话说，在小范围内，个体讲述的家谱并不只是简单和单纯的社会建构，它们也是生物学上的联姻关系。与之相反，部族结构并不会体现生物学上的关系，而是不相关群体的社会政治组合。

这种父系制度对遗传多样性有什么影响？我们已经在中亚、阿尔泰山区和蒙古的所有父系人口中，证明了某些 Y 染色体的出现比例过高，也就是说，有大量的男性携带相同的 Y 染色体（这就与法国的人口不同，法国男性中存在各种类型的 Y 染色体）。此外，在这样的人口中，Y 染色体的遗传亲缘关系树具有特殊的形状。它是不对称的，茂密的子分支来自几个粗壮的分支，并不像是普通的亲缘关系树那样均衡，每个分支都会有同样多的子分支……这种不对称性表明了繁殖成功被代代相传：一个个体的祖先有许多儿子，这个个体也会有许多儿子。

代代相传的一夫多妻制

无论如何，最终的结果是某些 Y 染色体在这些人群中迅速扩散。这个过程究竟是如何发生的？为什么繁殖成功会被遗传？这要归功于一代代人继承下来的社会优势。如果一个人因为社会地位很高而有很多儿子，那么他会把他的社会地位传给儿子们，儿子们也会拥有很高的社会地位，再生很多儿子，循环往复。早在 20 世纪 70 年代，人们就在南美洲的亚诺马米人（Yanomami）中观察到了这种现象：社会地位高的男子更常实行一夫多妻制，于是比社会地位低的男子有更多的孩子，他们的儿子随后继承了父亲的社会地位，继续更频繁地实行一夫多妻制。

在新西兰的毛利人群体中也发现了相同类型的机制，但是在母系系谱之中。那些社会地位较高的女性可以获得更多的资源，因此她们的孩子生存下来的可能性更高，最终可以将这种社会地位传给她们的女儿。当生殖成功通过女性一方传递时，线粒体 DNA（提醒一下，只能由女性传递）会显示出特殊的遗传多样性。

我们在中亚开展的详细研究能够将口头家谱与基因数据交叉比对，并显示父系关系如何影响遗传多样性。这是文化行为对人类种群的多样性产生影响，从而对其演化产生影响的另一个例子。反过来，除了这个结果，我们现在还可以判断这种关系是父系一方的还是母系一方的，也就是说，可以直接从基因数据出发，测量繁殖成功的传递。简而言之，如今，从一个人口群体的 Y 染色体数据出发，可以知道它是不是父系社会，是"有点"父系社会，还是"非常"父系社会；又或者从线粒体 DNA 的数据出发，可以知道繁殖成功的传递是不是从母亲传给了女儿。

狩猎采集者中的母女传承

这正是我们在其他人类社会中使用基于亲缘关系树的统计测试所检测出来的。借助这种测试方法，我们考察了大约40个生存方式不同的人口群体的线粒体DNA：狩猎采集者、游牧者或农民。

我们的分析表明，在狩猎采集社会中，繁殖成功是通过母系传承的。可能存在与生育力有关的遗传因素，其会赋予某些类型的线粒体DNA遗传优势。在不完全排除这种假设的前提下，还有几种社会机制能够解释这种传承方式：具有更高社会地位的女性拥有获取更多资源的优势，这种社会地位是母女相传的；或者拥有更多兄弟姐妹的女性会获得更大的繁殖上的成功（来自更大家庭的女性将会得到更多亲人的帮助，从而获得更高的生存-生殖概率）。

在中亚地区，这种生殖成功的传播显然是通过父系实现的。某些谱系或氏族如果具有社会优势，可以转化为更好的繁殖率，这种优势将通过父子关系传递下去。此外，当一个宗族的规模过于庞大时，它就会发生分化。然而，这种分化并不是随机的，它是根据父系关系出现的，并导致相似的Y染色体集中在一起。这就是为什么某些Y染色体在某些人群中占比过高。

始自青铜时代

普遍认为，人类种群更多地通过父系一方传递基因。但这种亲属关系系统是什么时候出现的？要想回答这个问题，需要有足够的定义明确的古代人群样本，且在这些样本中，有足够数量的生活在同一时期的个体被分析，从而利用这些古代 DNA 直接检测出这种亲属关系系统。然而，目前还不具备这些条件。不过，我们可以期待，距离这一天不远了！至少，我们有了基于当前人类种群的 Y 染色体的线索。有了这些相似的 Y 染色体组，即单倍群，就可以通过分析它们所包含的突变来确定日期。这些在欧亚大陆上常见的 Y 染色体单倍群，大多数都可以追溯到两个时期。

比较年轻的一些群体可以追溯到 1 000 年前，比如成吉思汗单倍群，而另一些则可以追溯到 3 000~4 000 年前。这些日期数据是以千年为单位的，并具有几百年的不确定性（误差）。最古老的群体可以追溯到青铜时代，在这一时期，考古学家发现了国家的建立、精英阶层的出现，以及社会等级制度的诞生。因此，在这一时期，我们可以看到男性的社会地位和生殖能力之间开始产生联系。由于具有社会优势，有些男性会有更多的后代，然后这种社会优势会继续在后续的几代人之间传递下去。这可能恰恰对应父权制度的出现。

通过用其他方法追踪欧亚大陆上的 Y 染色体随时间变化的遗传多样性，我们发现了另一个间接证据，可以证明青铜时代的一个重大变化。研究表明，在青铜时代，Y 染色体的多样性大幅减少。研究人员提出了一个基于父权制组织的模型来解释这种转变。

那么，是否有必要生活在一个等级森严的社会中，以提高生殖成功率呢？大可不必。事实上，这种现象似乎非常普遍，并不仅仅存在于父权制社会之中。在当代西方社会中，社会地位较高的男性也平均拥有更多的后代。这种社会地位会部分地传递给下一代。

蒙古移民

从蒙古到中亚发现的成吉思汗单倍群，提供了关于当地的社会组织信息，也提供了另一些信息：历史学家熟知的、发生在这两个地区之间的人类迁徙，他们在沿途留下了他们的后裔。我们想更多地了解这些迁徙，特别是关于性别问题：只有男性参与了迁徙吗？还是女性也构成了人口迁移的一部分？

关于蒙古人口的数据极其稀少，更重要的是，没有来自蒙古西部（阿尔泰山脉的一部分）的数据，而中亚人口声称他们的祖上来自此地。因此，我们决定将采样范围扩大到蒙古西部的人口。然而，在蒙古做田野调查并不容易！所有在那里工作过的研究人员都会这样告诉你。对一些具有游牧传统的蒙古人来说，他们对时间和空间的理解与我们不同。有的时候，我们和受访人约好了时间，到达时却发现，他已经跑到蒙古另一头去了！在这样的情况下开展田野调查难免困难重重，但我们总是能找到解决方案，并且保证面带微笑……

设计行程的时候，我们的路线看上去非常实际：我们计划从西伯利亚南部的图瓦共和国开始，然后向西推进，穿过蒙古边境，最后前往科布多城。在图瓦国立大学研究人员的帮助下，我们在图瓦共和国的田野调查开展得很顺利；我们在村庄里再次受到热烈欢迎，村民对我们的研究很感兴趣，并且愿意参加我们的调研。随后，我们准备启程前往蒙古。

科学冒险家

这条路线在地图上几乎没有标识，是一条在碎石路和鹅卵石河床之间来回转换的小道。当不得不涉水前行时，我们总是提心吊胆……司机虽然熟悉当地，但是前几天的暴雨导致水位上涨，而且他显然喝了不少。车子拐入河床涉水前行，然后很快停在了河中央，水位高速上涨，迅速淹过了车辆。

车上的人惊慌失措，所有人都挣扎着赶紧下车。我们在齐腰深的冰冷河水中向岸边跋涉，俄罗斯产越野车挡住了一部分急流，避免我们被冲走。有一位研究人员差点被水卷走，就在那惊心动魄之际，他被后面的一位同伴抓住衣领，堪堪得救。

还好，所有人都安全上岸！我们迅速生火取暖，垂头丧气地思考下一步该怎么办：越野车陷在河中央，灌满了水，里面还装着我们的行李和设备。突然间，不知从哪里冒出一群骑马的游牧男女。他们给了我们一份热奶茶，然后离开前往最近的村庄（在十几千米开外）去找人帮忙。几个小时后，一群当地人开着拖拉机到来，把我们的车从水中拉了出来，带我们回到村里。

我们的采样样本因为被锁在密封容器中，所以没有受到影响；调查文件和官方文件也因为塞在背包里随身携带，没有受损。但当我们清点行李时，却发现了一场"灾难"：我们中的一个人丢了包，包里装着护照，可能是他在营救被河水冲走的同事时丢失的。如果没有护照和国内旅游签证，他就不可能四处旅行。我们必须回到图瓦共和国的首府克孜勒，这已经是两天之后的事了。

在离开村子之前，我们告诉村民，我们在河水中丢了一个小袋子，如果有人捡到了，里面的钱就归他了。在克孜勒，我们首先打电话给法国驻俄大使馆。大使馆的人提议给我的同事提供一张临时护照，让他能离开俄罗斯。唯一的限制是：他必须亲自到大使馆领取！这可不是开玩笑的，我们距离莫斯科有5 000千米，大使馆又拒绝邮寄临时护照，然而，在没有身份证件的情况下，我的同事无法在境内旅行，因为不能购买飞机票或者火车票！那条差点把我们淹死的河或许并没有把我们卷走，但却把我们推入了一个更荒谬的故事！

掷距骨与乳香

图瓦国立大学的校长为我们组织了一次与相关负责人的会面。负责人承诺会看看能为我们做些什么，他将这件事报告给了当局，或许可以给我的同事发放一张在境内旅行的特别许可。与此同时，在大学的联系人为我们安排了与一位图瓦萨满领袖的会面。这位萨满领袖是该地区受人尊敬的人物，并且愿意帮助我们。他接待了我们，并用掷距骨与乳香举行了一个仪式。与萨满领袖的第二次会面是在一座宏伟的佛教寺庙，这一次，我们受到了大祭司的接待。

在这天傍晚时分，特别旅行许可证已经准备妥当。就在去机场的路上，我们接到了一个电话：村民在河里发现了那个丢失的包。然而，除了里面的钱，他们还要求一笔不菲的报酬……我们又回去见了大学校长，要求他负责这笔"赎金"，因为是他那灌多了伏特加的司机把我们丢进了河水中，卷入了这个烂摊子！和校长谈妥，我们又回到了那个小村子。

到了村里，村长告诉我们，在事故发生后的第二天，全村人都跑去河里搜寻，希望能找到奖赏，但一无所获。有一群更坚持不懈的人在他们熟悉的水洞里组织潜水，才最终找到了"战利品"。"赎金"与护照的交接仪式十分正式，而且大家看上去都非常淡定。第二天，我们再次出发，这次由警察局长护送，两天后到达了俄蒙边境口岸——这次，我们小心翼翼地绕过了河床。

这里风景如画，我们在荒郊野外的蒙古包中得到了接待。啊！终于过境了！在边境的另一侧，是蒙古西部城市科布多城，我们原本预计在这里停留 5 天，现在只剩下 2 天的时间。我们需要改变采样计划。

我们选择了一种新颖的方法：在市场上租了一个摊位，并在当地电台做了个广告。没想到居然可行！我们甚至取得了难以比拟的成功。人们很乐意回答我们的问题，并从他们的唾液中提取 DNA 样本。一天下来，我们疲惫不堪，但却很高兴：采样工作顺利完成，而且锦上添花的是，其中一对夫妇提议带我们去参观一座布满岩画的山谷。

令人惊叹的遗迹

第二天，临时"导游"带着我们去了一个山洞。在洞内深处的石壁上，雕刻着一头栩栩如生的骆驼：这真是让人心情激荡的邂逅。再往前走一点，我们惊得忘记了呼吸：绵延数百米的石壁，从上到下布满了装饰。这样的历史宝藏就这样坦然地呈现在我们眼前，甚至没有任何保护措施。

这个地方真是无与伦比，考古遗迹见证了悠久的历史。不过，如果说起"几千年来一直有人类居住的土地"，你可能不会想到西伯利亚南部的阿尔泰山区。然而，就在这里，在世界的这个角落，有尼安德特人的活动痕迹，有人类生活的痕迹，从远古一直延续到今日。而且，最重要的是，这里的"入住密度"

是非常大的。就在这座岩画谷旁边，还有其他山谷，布满了库尔干（一种构建于坟墓上的坟冢）——这是绵延数百千米的国王之谷。

然后，"导游"带着我们去拜访他的朋友，一位骆驼牧人。这个人在当地小有名气，他饲养比赛专用的双峰骆驼，自己也是一位骆驼骑手。在牧人的蒙古包里，由太阳能电池板供电的电视上，放着他所有的奖杯和一张剪报——他出现在头版报道中。他邀请我们骑骆驼，我们欣然同意。令我惊讶的是，骆驼非常好骑，因为两个驼峰之间自然形成了一个马鞍形状。但是我们却没办法让骆驼前进，这些小家伙比骡子还顽固！然后，牧人向我们展示了如何给骆驼挤奶，我们还尝了尝骆驼奶，味道很奇怪，有点苦，有点咸。当然，我们会习惯这个味道的，但要过上几天才会发现它的美味……就像前一天我们遇到的调查参与者一样，这位牧人也不会说英语，我们非常遗憾没有办法用他们的语言与之交流。但幸运的是，我们的"导游"会说几句俄语。

迁徙中的女性

回到巴黎的人类博物馆，我们分析了得来不易的样本。我们在某些人口群体中发现了著名的高频 Y 染色体（成吉思汗单倍群或者清朝单倍群），特别是在蒙古人、哈萨克人和吉尔吉斯人中。但最引人注目的结果，是不同种群之间在 Y 染色体层面上的极端差异性。有一些群体呈现出高频单倍群，而另一些则恰恰相反，呈现出非常低频的单倍群。这些差异只能在一定程度上通过地理学因素来解释，毕竟生活在相邻地区的一些人口种群显示出非常明显的差异，而另一些在地理上相距遥远的人口种群则显示出相似的频率。

这种强烈的差异与通过能够追溯女性历史的线粒体DNA所检测出的多样性形成了鲜明对比。在某一地理区域内，不同人口的线粒体DNA差别很小，表明女性经常在该区域内迁移。例如，在中亚地区或西西伯利亚-蒙古这样的地理范围内，女性的迁移极多，以至于不同的人口的线粒体DNA非常接近。不过，在更远的地理区域之间，也检测到了微小的差异。换句话说，女性的迁移在地方层面上很多见，但在更远的距离范围内就不那么多见了。

相比之下，无论在什么尺度的地理范围内，男性的迁移率都明显较低，种群的Y染色体都非常不同，即使是那些彼此相近的人群。男性较少迁移，但是，当他们迁移时，有时候会前往更远的地方，正如成吉思汗单倍群显示的那样。这是我们这个物种的一个普遍模式：女性比男性更常流动。

普适规矩

事实上，在全球范围内，在比较不同人群的线粒体DNA和Y染色体的差异时，我们会发现，Y染色体父系的基因差异比线粒体 DNA 母系的基因差异更大。这告诉我们，女性在人类种群之间的迁移更多。如何解释这个有悖直觉的结果呢？这是否与结为夫妻时的居住地规则有关？

确实，在所有人类社会中，都有来自不同村庄的配偶如何定居的规范。基本上，在父系社会中，夫妇会在男方家庭的村子里定居，也就是女方会迁移。而在母系社会中，夫妇会在女方家庭的村庄里定居，男方才会迁移。还有一些社会中，新婚夫妇会到一个新地方定居，被称为"婚后新居"。

不过，大多数人类社会都是父系社会，主要是女性在迁移，一代又一代，从一个地方迁移到另一个地方，从一个村庄到另一个村庄。然而，还有 30% 的人类社会是母系社会。居住规则的多样性是我们这个物种的独特表征之一。那么，在法国，情况是怎样的呢？好吧，虽然如今的"婚后新居"规则正在逐步发展，但传统上来说，法国还是一个父权制从夫居的社会。

在非人类的灵长类动物中，对某个物种的所有群体来说，它们只有一种居住系统。比如，黑猩猩的居住方式就是"父权"的，在性成熟的时候，雄性会留在原来的群体中，而雌性则会离开。所有黑猩猩种群都是这种居住方式。在猕猴和狒狒中，则是雄性离开，这一规则同样适用于同一物种的所有种群。为什么人类的居住规则如此灵活，不像其他表亲物种那样规矩死板呢？这依然是个谜。

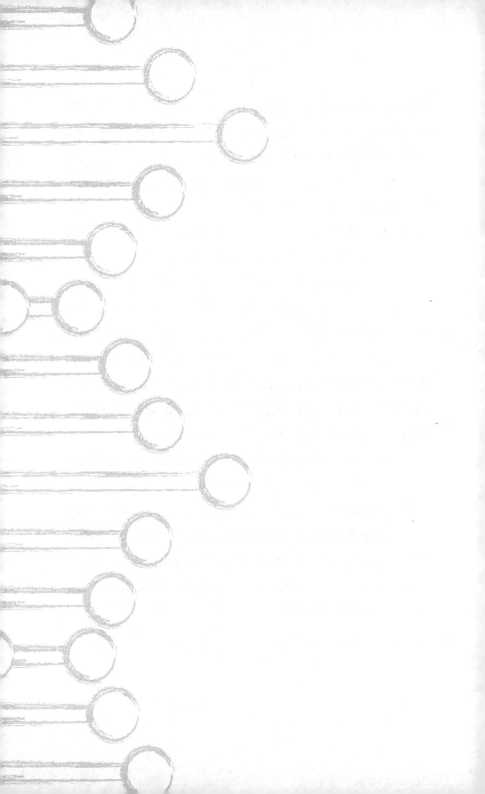

　　16—19世纪是规模浩大的跨大西洋移民期，大约300万欧洲人来到了美洲，并导致1 000万~1 200万非洲人被迫流落异乡。这是一个让人心情复杂的时期，混合了人性中最美好（对探索发现的兴奋）的一面和最邪恶（人类对人类的剥削）的一面，其中对魁北克的殖民让我这个遗传学家非常感兴趣。我曾经有机会在魁北克希库蒂米的一所研究中心工作多年，专门研究这批历史移民，该研究中心由历史学家热拉尔·布沙尔（Gérard Bouchard）创建。现在，让我们登上雅克·卡蒂埃（Jacques Cartier）[1]船队

---

[1] 雅克·卡蒂埃（1491—1557年）是法国探险家、航海家。他在法国国王弗朗索瓦一世的资助下开展了3次航行，是第一位描述圣劳伦斯湾并描制地图的欧洲人，对圣劳伦斯河流域所做的考察也为新法兰西的建立奠定了基础。——译注

的三艘轮船之一——"大赫敏号"(*Grande Hermine*),扬帆横渡大西洋。

1534 年,圣马洛人雅克·卡蒂埃驾船驶入圣劳伦斯湾,"发现"了加拿大。他立即代表法国王室占领了现在的魁北克,并建立了所谓"新法兰西"。来自法国本土的定居者很快就开始进驻,殖民了这片土地。来者大多是年轻的城市男子,通常是工匠,还有很少一部分是农村居民。根据历史资料记载,这些人并不是为了逃避贫困而移民魁北克。比如,历史学家的研究表明,在繁荣时期,从重要的远洋港口拉罗谢尔(La Rochelle)离境移民的次数更为频繁。这些先驱者留下的文字证明,他们是怀抱着对更好的生活与财富的向往,踏上美洲土地的。

国王的女儿

移民魁北克的女性也大多来自城市,不过社会阶层各不相同。在首次踏上魁北克土地的 2 000 名法国女性中,有 850 名贫民女孩。她们中的大多数是所谓"国王的女儿"——法国国王派遣这些孤儿前往新法兰西,占据这片领土。

人们在圣劳伦斯河沿岸组建家庭,定居、繁衍。虽然那里气候恶劣,但婴儿的死亡率却比法国本土的低,因此大家庭成了常态。漫长的严冬也限制了传染病的传播。于是,彼时魁北克的人口年增长率达到了 25‰,而法国本土同期只有 3‰:1681—1765 年,新法兰西的人口从 1 万人增加到 7 万人,且主要是自然增长。

据估计，1608—1760 年间，约有 1 万名法国移民来到魁北克定居。1763 年，在法国印第安人战争中，法国将新法兰西输给了英国，法国的殖民进程就此停止。此后，来到魁北克的移民要么是英国的新教徒，要么是爱尔兰的天主教徒。然而这两个社群都没有和原有的法国人"结合"。为了不让法国人口就此没落，讲法语的神职人员发起了所谓"摇篮之战"（guerre des berceaux）：虽然法国天主教失去了领土，但教会开始实施人口增长的策略。

"耶和华的道路"

从那时起，拥有 10 个以上孩子的家庭在魁北克开始变得常见。比如，1850—1880 年出生在萨格奈-圣让湖区 [1] 的法裔妇女平均育有 7 个已婚子女和 38 个孙辈！人口登记记录中甚至记载了 25 位已婚子女的惊人数值！教区的神父一直关注着"繁衍大计"的进展，并定期访问这些教徒家庭，提醒女性履行她们的"责任"。

我一位魁北克的朋友告诉我说，直到 20 世纪 50 年代，"摇篮之战"依然没有结束，她的母亲有 6 个孩子。在生最小的孩

---

[1] 萨格奈-圣让湖区（Saguenay-Lac-Saint-Jean）位于加拿大魁北克省中南部，圣劳伦斯河北岸。——译注

子时，她的母亲遭遇了难产，差点丢掉性命，于是医生建议她不要再怀孕了。然而当地的神父可不管这些，依然定期"家访"，催着朋友的母亲遵循"耶和华的道路"，再生一个孩子。这对夫妇拒绝了，结果被驱逐出了教会，并被禁止参加弥撒！20世纪60—70年代，魁北克法语区的居民发起了"寂静革命"，以摆脱神职人员对他们的控制。自此，魁北克地区的人口结构开始转型，家庭子女数也很快从6~7个减少到2个以下。

每一位居民的个人传记

教会控制至少有一个好处，就是建立了教区登记册，出生、婚姻和死亡都被仔细记录和保存下来。这简直是人口学家的"金矿"。但是，在利用这些记录深入研究新法兰西的历史之前，人口学家需要做大量的准备工作，他们必须分析和转录这些记录，最重要的是，必须对它们加以匹配。这包括为每个个体分配一个独特的号码，即标识符，并将其与所有出现的公民身份记录——对应起来。家谱爱好者应该很熟悉这个步骤。

具体要如何做呢？最简单的方式是从结婚证开始。每一份结婚证上都记录了夫妇双方的名字，还有他们各自父母的名字。这些信息让我们能够确定个体的父母，并一代又一代地追溯他们的祖先。但是，对历史人口学来说，仅仅依靠这种升序家谱是不够的，还有必要了解每个个体一生中有多少个孩子，在什么年龄段生育这些孩子，这些孩子是否在结婚前就已经死亡，又是在什么年龄段死亡的，等等。

为了获得这些信息，有必要对所有的公民身份记录加以匹配，重建一个"人口档案"。这份档案提供了每个个体的人口学传记：死亡年龄，是否结婚，在什么年龄结婚，和谁结婚，是否有孩子，在什么年龄生育孩子，孩子是否结婚。

根据这份档案，我们能够知道一个个体和其他个体之间的亲缘关系。这样一来，我们就可以查出个体的父母是不是表亲，或者个体夫妇是不是表亲，他们有多少个孙辈……这份档案是了解人类人口如何运作的宝贵资源。虽然历史人口学诞生于法国，但它在魁北克实现了"自动化"，并颇具规模。这就是为什么冰岛人受到"魁北克方法"的启发，建立了自己的人口档案。

探索隐性疾病

魁北克的人口档案涵盖了哪些时间段呢？第一份档案详尽地列出了从 17 世纪殖民化开始到 1800 年所有讲法语的魁北克人的名单，彼时魁北克大约有 20 万居民。第二份档案涵盖了萨格奈-圣让湖地区和夏洛瓦地区从 1838 年到 1971 年的人口信息。从那时起到现在，这第二份档案已经扩展到魁北克的其他地区，如今，它包含 290 万条公民身份记录。

第二份档案的建立，最初集中在萨格奈-圣让湖地区和夏洛瓦地区，并不仅仅是出于历史的原因，还有医学方面的动机。

应该指出的是，50多年来，医生已经发现了一些专属于某一地区的遗传病。它们大多数是隐性的，也就是说，一个人只有从父亲和母亲那里同时继承了有害的突变时才会发病（在这种情况下，一个人的DNA有两块相同的基因片段，被称为该突变的纯合子）。然而，这些疾病在当地的发生频率很高：大约每1 600个新生儿中就有一个受到影响。

隐性疾病携带者通常被认为是近亲结婚的结果。为什么呢？正是因为父母之间基因联系密切，个体才能够直接从他们的共同祖先那里继承两份相同的突变。如果孩子发病，但父母没有亲属关系，那么父母二人都必须是偶然的有害基因携带者，这种概率极低。

假设存在一个频率为 1∶100 的突变：一个父母非近亲结婚的个体有 1/100 的概率携带从其父亲那里得到的该突变，1/100 的概率携带从其母亲那里得到的该突变，那么此人成为该突变的纯合子的概率为 1/10 000（1/100 × 1/100）。如果个体的父母是表亲或者堂亲，并且他们的共同祖父携带该突变（这个概率为 1/100），那么他的孙子孙女（即个体的父母）就可能携带该基因，二者生下纯合子孩子的概率为 1/16。因此，孩子从双亲处同时获得该突变的概率是 1/16 × 1/100，这比父母不是堂亲或者表亲的情况下的概率要高了6倍多。

还有，在地中海地区，人们倾向于表兄妹之间结成婚姻，大多数患有隐性疾病的人都是这种结合的孩子。在天主教会，近亲结婚的后果是众所周知的。根据时代的不同，近亲之间的婚姻，甚至是三代或四代以内的表亲之间的婚姻，都需要获得特批。对这些"特批"的分析也使得绘制 19 世纪到 20 世纪初的法国亲属关系图成为可能。不同省份之间，近亲繁殖的情况差别很大。近亲结婚的影响在法国和欧洲王室的家谱中是众所周知的，国王因为祖上表亲之间反复通婚而罹患隐性疾病的情况并不少见。

非近亲结婚之谜

根据在夏洛瓦地区和萨格奈-圣让湖地区重建的家谱，可以计算患病个体和其他个体之间的血缘关系。结果出人意料：病患之间并没有亲属关系！总的来说，萨格奈区域人口的"近亲结婚"程度，并不比任何一个欧洲地区人口的程度更高。可是，该如何解释这种高频率出现的隐性疾病呢？很简单：对于每一种疾病，相应突变在人群中都很常见。

事实上，对于这一地区的每一种具体的遗传疾病，健康的携带者，即只携带这些突变的一条片段，因此没有发病的个体的比例大约为 1/20 或 1/30。有些疾病是这一地区特有的（如夏洛瓦-萨格奈痉挛性共济失调、遗传性酪氨酸血症 I 型、假性维生素 D 缺乏性佝偻病）；还有一些疾病在欧洲人口中相对常见，比如囊肿性纤维化（该病在萨格奈-圣让湖地区的出现频率与某些法国本土的该病高发区域的频率相同，比如布列塔尼地区）。

相反，某些在欧洲人口中相对常见的隐性疾病（如弗里德赖希运动失调），却不存在于魁北克东部地区。目前，对于魁北克的每一种遗传病，人们都已经找到了导致其出现的突变，其分子特征表明了它在人群中的唯一性和独特性。换句话说，这些疾病中的每一种都是由人口中的"某一个人"带来的。这是有可能的，因为当初，奠定魁北克人口基础的是少数个体，他们为魁北克基因库的建立做出了贡献，更具体地说，是创造了夏洛瓦－萨格奈－圣让湖地区的基因库。

寻找"零号病人"

我们有可能找到将这些疾病带到魁北克的个体吗？而且，如果找到了某种疾病的最初携带者，我们是否能确定他的所有后代都是该疾病的潜在携带者？由于有了公民身份数据，重建升序家谱是很容易的。因此，我与同事一起，通过构建大约100位某种疾病携带者的升序家谱，追溯到了1700年前的2 600位魁北克奠基人。在这2 600人里，大约有50人是后世这些病人的共同祖先：这些奠基人出现在95%的病人的升序家谱中。简而言之，最初的携带者就是这50人中之一。

然后，我们和希库蒂米的研究团队一起，又试着追溯了另一种疾病的零号病人。结果是令人惊讶的：我们又回到了同样的50位奠基者之中。通过对非疾病携带者的随机抽样，研究人员再次追溯到了同样的50位奠基者！换句话说，这50人就是萨格奈-圣让湖地区所有个体的祖先！他们中的有些人，甚至是魁北克法语区所有人口中很大一部分个体的共同祖先。

这50人不仅是许多后裔的共同祖先，他们还通过许多不同的家谱路径与当代人联系在一起（对于任何父母均为魁北克法语区人口的个体来说，升序家谱可以追溯到这50人中的20多人）。因此，这50人对当前个体的遗传贡献很大。事实上，在家谱中只出现一次的远祖对当代人的遗传贡献很小。这是根据代际数量计算的：个体从父亲或者母亲那里得到一半的基因组，从祖辈那里得到四分之一，从曾祖辈那里得到八分之一，以此类推。因此，距离我们10代的祖先，对我们的遗传贡献了1/2的10次方，也就约是0.1%。然而，如果这位祖先在家谱中出现了20次，那么他的遗传贡献就会急剧增大。

到底什么是遗传贡献呢？它指的是某位祖先的基因组给定部分出现在后代中的概率。这种贡献也可以理解为个体的基因组中来自某位祖先的部分的平均百分比。因此，这50位魁北克奠基者贡献了该地区当代个体基因库的40%。相反，有60%的奠基者只为当代基因库贡献了不到10%。

奠基者效应

通过模拟基因的代际传递，我们已经证明，奠基者可能是现今人口中若干常见疾病的携带者。这个结果是出人意料的吗？是，也不是。之所以并不让人意外，是因为我们每个人都携带基因突变，当我们的后代当中有人不幸携带了两个片段（一个来自父亲，一个来自母亲）时，他就会发病。就算我们现在出发去开创一个新的人口群体，去某座岛上，或者甚至去火星，我们身上的突变也可能在十几代之后导致后人中产生常见的隐性遗传病，就像魁北克的情况一样。

这就是前文提到过的奠基者效应：在偶然的情况下，新人口的奠基者携带着他们的基因库到来，而这个基因库是他们所属人口的一个子样本。这就解释了为什么某些在法国比较常见的遗传病没有"前往"魁北克（比如弗里德赖希运动失调）；而为什么有些疾病在魁北克很常见，在法国却不存在。所以，有害基因居然能够追溯到奠基者身上这件事也就不出人意料了。反过来说，这件事情也有让人吃惊的地方，那就是在这么少的代际中（对于这样一个庞大的人口来说是十几代），某些突变居然能够达到如此高的频率。

顺着这一思路，还有一个令人惊讶的地方，那就是整个魁北克法语区的共同祖先也就是这么 50 个人。人们常常会惊讶地发现，我们可以在同一个人口群体中追溯到共同祖先，而不用追溯到遥远的玛士撒拉（Methuselah）[1]。但是，想象一下，如果

---

[1] 玛士撒拉，天主教《圣经思高本》译为默突舍拉。在《希伯来圣经》的记载中，玛士撒拉是亚当的第 7 代子孙，是最长寿的人，据说活了 969 年。在玛士撒拉死去后 7 天，世界发生大洪水。他的长寿使其名字成为不少古老东西的代名词。——译注

每个人都有着不同的祖先……让我们以魁北克法语区的 10 万人口为例。每个人都有 2 位父母，4 位祖父母，8 位曾祖父母。如果每位祖先都是不同的，也就是说，每个人都有独一无二的祖先，那么该人口群体在 3 代以前必须有 40 万居民；4 代以前有80 万居民；6 代以前，也就是在 1800 年，有 320 万居民。可现实是，当时魁北克的人口只有 20 万！

这证明了，某个个体家谱中的祖先也会出现在另一个个体的家谱中，并且会在个体的家谱中多次出现。比如，假设你是魁北克人，你的高外祖父也可能是你和其他魁北克人的高祖父。大约 10 代到 12 代人之前，魁北克人只有几千名奠基者，因此，他们中的每一个人都会在各个家谱中多次出现。

"最高纪录"

能举个例子来佐证我的论述吗？还真有。在 20 世纪 30 年代结婚的 81% 的魁北克人家谱中，都出现了一位叫作扎沙里耶·克劳斯捷（Zacharie Cloustier）的男性，以及他的妻子桑特·杜邦（Sainte Dupont），二人甚至在同一个家谱中反复出现 50 次。虽然听起来可能很疯狂，但这两个人居然有几百万人的后代！另一个"最高纪录"是皮埃尔·特朗布莱（Pierre Tremblay），他在 1657 年和安妮·阿雄（Anne Achon）在魁北克结婚，是魁北克所有姓特朗布莱的人的祖先，并且保持着在某个家谱中出现次数最多的纪录：他出现了 92 次！

为什么这 50 位奠基者对魁北克人口的遗传贡献如此之大？假设平均而言，所有的奠基者在代际繁衍的过程中都拥有同样数量的后代，我们是不会发现这种不均衡的遗传贡献的，即 50 位奠基者占据了萨格奈－圣让湖地区个体基因库的 40%。

　　为了解释为什么一些奠基者对基因库的贡献巨大，而另一些人却没有，我们必须回到这些祖先的人口统计数据和生育率上。虽然家庭少子的情况很少见，但对遗传学来说，只有在人口中定居下来的孩子才"算数"。对那些在生育之前就死亡或者移民他处的人来说，他们对人口的基因库没有任何贡献。

　　这些后代被称为"有用的孩子"。假设你有 7 个孩子，但是其中 1 个在婴儿期死亡，另外 6 个则离开了你所在的人口，那么你对人口中下一代的基因贡献为零。反过来，假设你有 7 个孩子，有 6 个顺利地长大成人，结婚安家，并在这个人口中繁衍后代，你的遗传贡献就是 6 个孩子。那么，为什么有些家庭的"有用的孩子"比其他家庭的多得多呢？

　　对人口数据的详细分析显示了一个相当令人意外的结果：一些家庭在人口中有大量的已婚且定居的子女，而这些子女又在该地区有许多已婚子女，这种模式不断重复；从一代到下一代，繁殖成功之间存在相关性。然而，这种关联只涉及已婚子女。当考虑到儿童总量（还包括那些幼年夭折的儿童，以及那些去外地结婚定居的子女）的时候，这种关联就消失了。

　　总结一下，有一些大的家庭，其中大部分孩子都留在当地定居；还有一些大家庭，孩子却都离开了。考虑到该地区其实是一个垦荒区，因此一些家庭有可能留在萨格奈-圣让湖区附近，并且在当地开垦森林，以让所有的孩子能够安家。在该地区，居住着100个孙辈的大家庭是很常见的。

某种程度上，正是某些家庭的这种安置和定居的传统，导致了生活在17世纪的少数个体不成比例的遗传贡献，这被称为"生殖成功的文化传播"。我们在中亚发现了这种现象，那里的生殖成功只通过男性传播。

在瓦尔瑟里讷河谷

实际上，在法国本土，就有类似的奠基者效应。我曾经研究过的位于安省（Ain）的瓦尔瑟里讷（Valserine）河谷地区，就是一个能够完美说明这一现象的案例，并且还被详细地记录了下来。在这片位于汝拉山脉南部的美丽河谷中，坐落着几个村庄。医生在这里发现了一种地方性的遗传病：郎-奥-韦综合征（也被称为遗传性出血性毛细血管扩张症）。这种疾病会引发不同强度的流鼻血和外出血，出现在 ACVRL1 基因突变的携带者身上。

在纯合子的情况下，该基因会导致个体迅速死亡（没有发现任何纯合子形式的个体出生，也就是说，如果胚胎同时从父亲和母亲那里继承了该突变，它将不会存活）。因此，这种有害突变应该因自然选择而消失。然而，该基因突变的出现频率相当高，在热克斯（Gex）和南蒂阿（Nantua）地区[1]的人口中高达 1/300。

如何解释这样的现象呢？对于这种类型的地方性遗传病，一种理论先验地认为是由于当地人群长期处于"孤立"的状态，因此通过遗传漂变的影响，导致该疾病的突变悄悄地"潜入"居民之中，并连续传递了几代人。事实上，当一个人口种群规模较小且生活在被隔离的状态中时，遗传漂变现象会更加突出：繁殖的偶然性意味着即使会被自然选择抑制，一个突变的频率也会增高或维持不变。

为了验证这一假设，历史学家重建了河谷中所有居民的家谱，从当下追溯到 18 世纪。河谷中共有 4.6 万名居民，我们知道他们的出生日期、结婚日期，以及亲缘关系。基于这些数据，我们有了第一个发现：并不是所有病人的家谱都可以追溯到 18 世纪的一位共同祖先！然而，分子数据清楚确定地表明，导致患者发病的，确实是同一个，也是唯一一个被携带的突变。这个突变在 18 世纪之前就出现了，出现的日期是通过概率计算得出的：它应该是由 16 世纪的一位祖先携带的。这是一种"古老"的突变，对之后的所有世代来说，它以某种方式"逃脱"了自然选择。

第二个令人惊讶的发现是，通过分析该地区历史上所有已婚夫妇的出生地，我们意识到河谷地区并不是"与世隔绝"的：

---

[1] 二者都位于安省。——译注

30% 的婚姻是本地人和外地人的结合。然而，想要让遗传漂变高强度地出现，人口必须是"封闭"的。古老的突变，人口接受外来移民……一切看上去都很棘手。

土地所有者和突变所有者

如何解释这种悖论呢？我开始深入分析这些家谱的细节，发现了一个现象：那些"扎根"在人口中的个体，也就是那些大多数祖先都来自河谷地区的个体，他们的孩子也更倾向于留在当地。这意味着一个很好的相关性：某一代的个体在其人口中的祖先越多，他在河谷中的孩子就越多。简而言之，谱系锚定提供了一种生殖优势。相反，父母中有一人或两人或祖父母是移民到河谷地区生活的个体，在繁衍方面则处于不利地位。

这就是河谷人口最终的结构。一方面，经过大量世代的繁衍、定居此地的个体构成了人口的核心；另一方面，在更边缘的地带是流动的个体，他们通常只在河谷地区生活一两代。

对于这种结构的解释很简单，那就是对土地的获取：核心个体拥有田地和牧场，并将其传给后代。移民没有土地所有权，不能像其他人那样扎根在此，因而更容易离开。如果说，稳定的核心个体比流动个体更有生殖优势，那纯粹是由于社会经济和遗产继承的影响。

让我们回到遗传性出血性毛细血管扩张症：携带这种突变

的确实是来自稳定人口的核心个体，而属于这一核心人口的社会优势弥补了与这种疾病有关的不利因素。这是社会性补偿了生物性的一个绝佳案例，至少在基因演化方面是如此！

　　玛丽是一位住在芝加哥的非裔美国人，最近，她开始着手重建家谱。玛丽逐代向上追溯，可惜，一旦回到了 18 世纪，她就没有更多的数据可用了：她的祖先中有一部分是从非洲来的奴隶。尽管如此，玛丽依然想知道这些祖先具体从何处而来。虽然有些记录显示了他们被强行送上船的港口，但没有说他们究竟来自哪里。彼时，奴隶贸易很普遍，在沿海和内陆地区都是如此。

　　有不少非裔美国人想知道自己的家族历史，但他们和玛丽一样，遇到了严重缺乏信息的问题。为了帮助他们寻找自己的来源地，研究人员和相关企业都提出了使用遗传学的方法，即比较非裔美国人的 DNA 与当代非洲人口的 DNA。

　　当第一批非裔美国人开始追溯时，非洲的参考人口很少，而且只有通过母系传播的线粒体 DNA 可以被利用。简而言之，他们只能通过母系一方追溯祖先，例如，玛丽发现，她的一位母系祖先来自西非。但自那之后，遗传学的数据和方法都得到了改进，如果玛丽想要重新编制基因档案，她会获得有关其他祖先的信息，而不仅仅是传递她线粒体 DNA 的母系祖先的信息。玛丽可能会发现，她的祖先来自中非。事实上，据估计，如今 30% 非裔美国人的祖先来自中非地区；70% 来自西非，其中 50% 来自贝宁湾。

俾格米人的 DNA

玛丽可能会惊讶地发现，在非裔美国人社区中，成员体内俾格米人的 DNA 成分平均来说并不是零。在来自非洲的遗传基因中，确实有 4.8% 是来自某些俾格米人群的。虽然没有记录显示俾格米人当时被卷入了奴隶贸易，但是由于他们在基因上与临近的其他人口发生了一些交换，因此当交换产生的后代被当作奴隶带到美洲时，他们就带来了一些零星的俾格米人基因组片段。

对基因组里的俾格米人成分的估算结果相当可靠。确实，非洲是世界上遗传多样性最高的大陆，特别是一些非洲人口之间存在着强烈的基因差异。因此，一个俾格米人群体和附近的一个非俾格米人群体之间的基因差异之大，堪比一个欧洲人群体和一个亚洲人群体之间的基因差异。这反映了俾格米人和邻近人口之间的相对生殖隔离，这种隔离可以追溯到 7 万年前，而这还不是最大的基因差异。

基因差异"冠军"属于非洲西南部（纳比米亚、南非、安哥拉）讲科伊语和桑语的狩猎采集者，据估计，他们在12万年前就与其他人类分道扬镳了，也就是说，这种分化甚至发生在现代人离开非洲前往欧洲和亚洲之前（10万年前至7万年前）。由于这些巨大的差异，只要有足够的基因数据，就有可能在基因组中追踪到来自俾格米人或桑人的祖先，即使这种遗传贡献所占的份额很小。

让我们回到玛丽的故事：除了来自非洲的祖先，在她的基因组里还找到了来自欧洲血统的痕迹。根据美国曾经实行的所谓"一滴血规则"[1]，如果父母一方为白人，另一方为非裔，那么他们的孩子属于"黑人"而不是"白人"。这样一来，大多数非洲人后裔都带有欧洲血统的痕迹。来自欧洲或非洲的DNA比例根据个体的不同有着很大差异。如今，非裔美国人体内的非洲DNA比例从不到5%到超过95%不等。

"当时他就震惊了"

相应的是，北美洲白人的基因组中含有非洲血统的情况

---

[1] "一滴血规则"是一个盛行于20世纪的美国，用于划分种族的社会及法律原则。这一规则认为，一个人只要其有一个祖先有黑人血统，就可以认定这个人是黑人。当下，美国已将这一规则废止，而该规则也从未被吸纳进美国联邦法律中。——译注

也不少见。一个著名的例子是白人至上主义者克雷格·科布（Craig Cobb），他发现自己的基因组中居然有 14% 的非洲血统。他是在参加一个直播电视节目时知道这件事的，当时他就震惊了——这个节目非常值得一看！这个例子提醒我们，在美国，肤色或许与非洲血统有关，但这种关系并不绝对。事实上，在混血儿中，编码肤色的非洲版本的基因可能并没有被世代相传。

我们如果分析的是线粒体 DNA，会发现遗传痕迹有所不同。在非裔美国人中，线粒体 DNA 经常显示出非洲血统，而 Y 染色体则经常显示出一定比例的欧洲血统。为什么呢？这是非裔女奴为欧洲"主人"生下孩子的基因印记。因此，由父亲传给儿子的 Y 染色体更可能是欧洲血统，而由母亲传递的线粒体 DNA 则是非洲血统。然而，历史告诉我们，被奴役和被驱逐到美洲的男人比女人多得多！

如果玛丽继续她的研究，可能还会有最后一个惊喜等着她：她的血管里可能还流着美国原住民的血液。1492 年，当克里斯托弗·哥伦布登陆美洲时，这片大陆并不是什么处女地：数百万美洲印第安人早已在此生活，他们是从西伯利亚出发，经过白令海峡移居到此地的先民的后裔。最早一批先民在 1.5 万年前来到美洲大陆，而最晚的则是在 700 年前迁移来的（也就是因纽特人的祖先）。

欧洲定居者的到来对美洲印第安人产生了巨大影响。这些"与世隔绝"了数千年的原住民，因欧洲人带来的屠杀和疾病（麻疹、天花、斑疹伤寒和霍乱）而数量锐减。据说，这些流行病造成了近90%的美洲原住民的死亡！17世纪20—30年代，仅天花和麻疹就杀死了美洲西北部的全部印第安人。此外，历史学家指出，欧洲垦荒者会利用这些疾病来消灭某些人口，这是一种"细菌战"。作为"回报"，欧洲人未知的病原体被从美洲带回了欧洲，例如梅毒。当然，与席卷整个美洲土地的大灾难相比，梅毒等疾病带来的损害更应该算是象征性的。

美洲印第安人：各种类型的混血

欧洲人和美洲印第安人的结合是怎么发生的？这两种明显处于敌对关系的人口居然"混血"了吗？答案根据不同的殖民国家而异。在西班牙人殖民的美洲地区，殖民者（其中主要是男性）会娶原住民女性为妻。因此，在当今的许多美洲印第安原住民人口中，Y染色体是欧洲血统，而线粒体DNA则是美洲印第安血统。混血的程度也因地而异。墨西哥的一些印第安人口的基因几乎100%来自美洲印第安人的基因库，而其他一些人口的基因则相反，欧洲基因库的份额占比大。

被西班牙殖民的美洲人口的另一个特点是非洲血统的比例较低。例如，基因数据显示，在当代墨西哥人口中，非裔基因组所占的比例很低，约为7%；而在美国人口和安的列斯群岛人口中，这一比例则从20%到95%不等。

在殖民时期的农场，奴隶的数量在很大程度上取决于作物的类型，以及它是密集型生产还是自给型生产。特别是甘蔗，与烟草不同，甘蔗是劳动密集型作物。这一人力需求解释了为什么在一些岛屿，比如巴巴多斯或牙买加，非裔血统的比例高达90%。有时，文化对基因的影响导致了岛屿内部的一些差异。例如，在波多黎各，虽然从整个领土范围内平均看来，有15%的基因库是来自美洲印第安人的，64%来自欧洲人，21%来自非洲人，但在该岛东部，非洲基因库的比例高达30%，因为那里的甘蔗种植更为密集。在古巴，由于同样的原因，东部省份的非洲基因库比例高达26%，而该岛人口非裔血统的平均比例只有17%。

独特的历史

非洲血统的遗传贡献含量最高的，是圭亚那的马龙人（Maroons）社区，马龙人是从苏里南的荷兰殖民者种植园中逃出来的奴隶的后代。在马龙人的个体中，来自非洲的血统比例高达98%！

中美洲的另一个人口社区也有一段特殊的历史：生活在洪都拉斯和伯利兹的加里富纳人（Garifuna），又被称为"黑加勒比人"，他们的祖先来自圣文森特岛。根据传说，加里富纳人是逃亡奴隶的后代，他们的祖先来到此地是为了避难，岛上本来生活着加勒比人——加勒比地区的美洲原住民。但也有其他的说法，认为加里富纳人的祖先来自在岛屿北部搁浅的奴隶船。如果这个说法是真的，加里富纳人就是为数不多的从未在美洲经历过强迫劳动的非洲黑人！确实，在 17 世纪初，加勒比人击退了试图入侵该岛的法国人和英国人。

1763 年，根据《巴黎和约》（Traité de Paris）[1]，英国人正式成为圣文森特岛的主人，但与加勒比人的武装冲突一直持续。1796 年，加勒比人战败，很大一部分加里富纳人在 1797 年被驱逐到洪都拉斯湾的一座岛屿上。但该岛很快被西班牙人重新征服，因此加里富纳人又被要求在洪都拉斯海岸定居。这个社区以其经历的快速人口增长而著称，从 1800 年的约 2 000 人增加到近 200 年后的 8 万人。

当时，疟疾在中美洲沿海地区肆虐，它是由来自非洲的奴隶带来的。这种传染性的病原体通过蚊子迅速传播，在美国原住民中造成了很高的死亡率，但对拥有抗疟疾基因的加里富纳人来说，影响十分有限。比如，生活在疟疾最常肆虐的沿海地区的加里富纳人，其基因库中有 80% 来自非洲，而圣文森特岛的加里富纳人则只有 50%。

总之，20 世纪中期的美洲是这样一片大陆：它的遗传多样性以 17 世纪以来欧洲人的地理扩张为标志，数百万欧洲人来到这里，还带来了沉重的后果。让我们来回顾一些数字。在欧

---

[1]《巴黎和约》是七年战争（1756—1763 年）的交战双方英、法两国于 1763 年 2 月 10 日在法国巴黎签订的和约，标志着七年战争的结束。条约规定，法国将整个法属加拿大、法属路易斯安那中密西西比河以东部分割给英国，并从印度撤出，只保留 5 个市镇。法国亦承认英国对多米尼加、格林纳达、圣文森特和格林纳丁斯及多巴哥的主权 。——译注

洲人到来之前，美洲印第安人的人口估计为 5 000 万，但由于资料匮乏，这一数值仍有很大争议（根据不同学者的说法，从 800 万到 1 亿不等）。在殖民者到来之后，某些原住民种群损失了 90% 的人口，还有一些种群损失了 60% 的人口。超过 1 000 万非洲人被强制运到美洲，成为奴隶。这种被迫的背井离乡当然也影响到了非洲大陆本身。

V

第五部分

近现代：人类大家庭

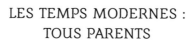

LES TEMPS MODERNES :
TOUS PARENTS

{ *2010*年 }

*LA GÉNÉALOGIE
GÉNÉTIQUE RETRACE
VOTRE PASSÉ*

用基因家谱
追溯过去

　　洛朗是一位家谱爱好者，多年以来，他一直在耐心地重构家族家谱。最近，他所有生活在美国的熟人都跟他说起了遗传学。借助 DNA，洛朗能够找到很远的表亲。如果这些表亲也追溯了他们的部分家谱，那么洛朗就有可能和他们实现家谱汇合。

　　实际上，在协作式家谱数据库中，这个过程已经可以实现：只要两个用户发现了一个共同祖先，二人就可以合并他们的家谱。但是，有了遗传学，洛朗不需要等待别人来补充亲属关系的信息，只需比较他的 DNA 与其他用户的 DNA，就能发现表亲，并确定可能的共同祖先。这完全是家谱界的一场革命。多亏了这个新工具，洛朗更能明白：我们都是表兄弟。

法国人都是查理大帝的后裔

起初，当洛朗开始对家族开展经典的家谱研究时，他很快就遇到了困难。他被拦在了 18 世纪，不可能再继续追溯了（许多教区的人口登记册在这一时期被销毁，特别是在法国大革命期间）。洛朗的一位家谱学爱好者朋友告诉他，自己运气不错，能够将法国祖先追溯到查理大帝 [1]。查理大帝有 5 位合法妻子，至少 19 个孩子。810 年，正是查理大帝的时代，法国人口达到约 900 万。在这位朋友看来，几乎可以肯定的是，查理大帝也会出现在洛朗的家谱中。朋友为什么会这样说呢？

我已经在前文简要地提到过。每个人有 2 位父母，4 位祖父母，8 位曾祖父母，以此类推，每往上一代，这个数字都会翻倍。往上追溯 40 代，回到查理大帝的时代，我们的祖先个数是 2^{40}，也就是每个人有 1 万亿（1 000 000 000 000）位潜在的祖先。如果要将这个结果推广到所有法国人的祖先，就要将这个庞大的数字乘以当今的法国人口数——7 000 万。我们会得到一个天文数字，不过事实上，当时的法国人口还不到 1 000 万

---

[1] 查理曼（法语：Charles Ier le Grand、Charlemagne，742—814 年），或称"查理大帝"，是欧洲中世纪早期法兰克王国国王（768—800 年在位），查理曼帝国皇帝（800—814 年在位）。查理大帝的统治带动了加洛林文艺复兴，是西方教会一段文学、艺术、宗教典籍、建筑、法律哲学的兴盛时期，被称为"欧洲的第一次觉醒"。后世的神圣罗马帝国皇帝、法国君主和德国君主都认为其国承自查理大帝的帝国。查理大帝也是扑克牌红心 K 上的人物。——译注

（整个地球也只有 2 亿人）。

这意味着什么呢？很简单：我们每个人的家谱中，都"共享"着很多祖先。无意冒犯各位，但法国人都是堂表亲！这种计算推广到全球范围。现在，地球上有 80 亿人。然而，在 100 年前，每个人都有 8 位曾祖父母。因此，如果所有人的祖先都不同，那么 100 年前地球上就必须有 80 亿乘以 8，即 640 亿人。然而，在 20 世纪初，地球上的总人口也不过 10 亿 ~20 亿！

在回到遗传学的家谱之前，让我们再深入探索一下这个话题。因为在传统的家谱中，充满了各种"吓你一跳"的惊奇。实际的情况比洛朗刚刚发现的还要"过分"：法国人之间的"表亲关系"比他想象的还要近。这完全是有理由的：生活在查理大帝时代的 1 000 万法国人中，并不是所有人都留下了后代。比如我的朋友苏菲，她的父母都是独生子女。苏菲的姐姐没有孩子，而苏菲有 1 个儿子。如果这个儿子没有孩子，那么苏菲的 4 位祖父母将成为他们那一代人中，没有对后代做出遗传贡献的个体。

在加拿大魁北克的萨格奈－圣让湖地区，生活在 19 世纪初的女性中只有 50% 还有出生在 20 世纪 50 年代的后代，也就是6~8 代之后的后代。有些人没有留下后代，还有一些人则是很多很多人的祖先。这就是"吓你一跳"的地方：借助一个相当简单的人口模型，可以计算出，在有限的几代之后，任何至少有一个后代的祖先都几乎是 100% 人口的祖先。因此，在欧洲，所有人的共同祖先都生活在大约 1 200 年前至 2 000 年前：任何生活在那个时代的人，如果直到今天还有至少一个后代，那么他就是今天所有人的祖先。亲爱的读者，如果像洛朗一样，你的祖上也有人出生在法国，我可以肯定地说，查理大帝也是你的祖先！

人类的老祖宗 3 000 岁

在我刚才提到的人口模型中，是假设该人口不受任何外部移民的影响，也没有内部结构化的子人口。利用这种类型的计算，研究人员已经确定了所有人类共同祖先的生活时间。为了照顾地理因素，研究人员建立了一个模型，将地球划分为几块大陆，在每一代人口中，不同的大陆之间都会交换一些移民。研究人员通过计算得出结论，就在 5 000 年前，我们所有人都有共同的祖先！更惊人的是，所有人类共有的第一个家谱祖先被认为只需要追溯到 3 000 年前。即使考虑到各大陆之间较高或较低的迁移率，该模型似乎也很稳健。

总之，我们所有人，都有一个生活在 3 000 年前的家谱上最初的共同祖先。而从基因上看，我们所有人的共同祖先生活在 5 000 年前。同样地，生活在 5 000 年前的人类，不是所有人都留下了后代，但那些在今天留有后代的人，就是全人类的祖先。那些后代繁衍至今的个体占据当时总人口的 60%~80%，这一数字取决于不同的模型。换句话说，如果你穿越时空，走进 5 000 年前的一座村庄或城市，你遇到的大多数人都是全人类的共同祖先。

当然了，根据你如今生活的地点，所有这些共同祖先在你的家谱中的权重并不一样。在瑞典人的家谱中，欧洲的共同祖先会比较多；而在加蓬人的家谱中，非洲的祖先则会更常出现。但无论任何，在我们数代前的祖先中，至少会有一位生活在长江边的稻农，一位来自西伯利亚的猎熊者，一位非洲的猎象人，一位古巴比伦的学者，一位爱吃烤猪的巴布亚人……通过该模型得到的这个5 000年的日期取决于过去人类的迁移模式；特别是，研究者假定存在着一些相当长距离的迁移。如果我们换一个模型，假设人类的迁移是循序渐进的，从近到远的，那么计算得出的人类共同祖先将生活在几万年前。现实情况必然是介于两者之间的，同时包括近距离的逐步迁徙和一些长距离的移民。

因此，我们所有人都是表亲，在一个人口群体中，我们在一代代追溯时，会发现所有个体很快都有了共同的祖先。如果按照新英格兰历史宗谱学会（New England Historic Genealogical Society）的说法，唐纳德·特朗普（Donald Trump）是巴拉克·奥巴马（Barack Obama）的表亲，而奥巴马和布拉德·皮特（Brad Pitt）也是远方表亲。此外，在给定的一代人口中，并非所有个体都留下了后代：我们都是少数人的后代，而他们是所有人的祖先。一个人的祖先就是所有人的祖先！

但并不是所有这些祖先都把他们的基因组片段传递给了我们。每位父母只会把自己一半的基因组传给孩子，而每位祖父母则只传递四分之一。越古老的祖先，传下来的基因组份额就越小。6代以内的祖先是一定会传递给我们一部分基因组的，但是更古老的祖先传下来的基因组片段份额会急剧减少。因此，

对 10 代以前的某位祖先来说，他有 50% 的概率没有将任何的
基因组片段传给后人。在你的 12 代以前的 4 096 位祖先中，每
个人都有 82% 的概率没能传给你任何的基因。所以说，家谱上
的祖先并不一定是遗传学意义上的祖先。

玛丽·安托瓦内特的后裔

当洛朗第一次听说所谓"遗传学家谱"时，他是持怀疑态
度的。他知道这些网站能够比较用户与各路名人的 DNA，并
告诉用户是不是玛丽·安托瓦内特[1]、路易十六等人的表亲。而
且，洛朗有很多使用过这些服务的朋友都被确认是玛丽·安托
瓦内特的表亲！必须指出的是，这些家谱分析最初只基于线粒
体 DNA，而线粒体 DNA 只允许通过母系一方来追踪表亲，而
且最重要的是，它的区分性并不强。事实上，玛丽·安托瓦内
特所携带的线粒体 DNA 类型在人群中很常见：平均每 5 个人中
至少有一个人会携带相同类型的线粒体 DNA，而且这种线粒体
DNA 肯定不是玛丽·安托瓦内特那个时代的"奥地利人"所特
有的。因此，测试结果只是表明了用户是这位法国王后一位非

---

[1] 玛丽·安托瓦内特（Marie-Antoinette，1755—1793 年），早年为奥地利女大
公，后为法国路易十六的王后。她是神圣罗马帝国皇帝弗朗茨一世与皇后玛丽
亚·特蕾西亚的第 15 位子嗣。法国大革命爆发后，王室出逃未果，1792 年 9
月 21 日，路易十六被废，法国宣布废除君主制。玛丽被控犯有叛国罪，在路易
十六被处决 9 个月后，即 1793 年 10 月 14 日，她被交付给革命法庭审判，2 天
后被判为死罪，在革命广场的断头台被处死。——译注

常非常遥远的表亲。

　　而遗传学家谱测试的创新之处在于，分析不仅仅是基于线粒体 DNA 了（又或者只是基于父系的 Y 染色体），所有的基因组都能够被分析。更确切地说，这种测试大约能够分析 70 万个标记，覆盖了整个基因组。这些被选择的标记，来自基因组中那些会在不同个体之间存在差异的位置，能够揭示个体之间的差异性和相似性。而对洛朗的需求而言，这些标记能够让他知道，他是否与另外一位参与测试的用户拥有共同祖先，并且在时间线上找到这些祖先。我们要做的，就是依据一个简单的规则来比较两人的 DNA 片段：共同的 DNA 片段长度越长，共同祖先的生活年代就越接近现在。

DNA 的结合

　　虽然这一规则的依据似乎很明显，但还是让我们更仔细地分析一下，以了解它的局限性。让我们将 DNA 看作一条由 4 种不同颜色的珍珠构成的长项链，珍珠代表着 4 种核苷酸：A（腺嘌呤）、C（胞嘧啶）、T（胸腺嘧啶）和 G（鸟嘌呤）。从出生起，每个人就从父母那里继承了两条项链，一条来自父亲，一条来自母亲。每条项链都是独一无二的，因为它有着属于个体的小特征：某一颗珠子是不同的，是一个 A 而不是一个 T。为了孕育下一代，我们会在体内生成配子（一种单倍体细胞），女性生产卵子，男性生产精子。每一个配子中只有一条"项链"，在繁殖的过程中，来自雄配子的"项链"和来自雌配子的"项链"结合在一起，形成一个新的个体。

在配子形成的过程中，最初的几颗珍珠来自母亲的项链，接下来几颗来自父亲的项链，然后再是来自母亲的一小段，以此类推。这有点像将两条项链对齐放置之后，将它们切成小片段，然后随机从母亲和父亲的项链里寻找片段，再按照顺序把片段排列好。我在前文已经介绍过这种现象，也就是"基因重组"。被"切割"下来的片段长度用"厘摩"（Centimorgan）这个单位来表示，记作 cM（1 厘摩相当于 1% 的切割发生概率，大约为 100 万个核苷酸的长度）。

我们从父母一方那里继承的配子，也就是一条"项链"，完整长度为 3 400cM。项链被"切断"的地方是完全随机的，并且对每一个新的配子来说也都是不同的。据估计，每次生产新配子的时候，DNA 需要被切断为 34 段（因此，每个片段的平均长度为 100cM = 3 400cM ÷ 34）。而这些片段，本身其实来自我们祖父母的 DNA；平均而言，我们从每位祖父母那里得到 1 700cM 长的 DNA，其中每个片段大约被切割成 50cM 的长度。

由于基因重组的缘故，一位祖先的年代越久远，他传递下来的 DNA 链的长度就越短。这在理论上是很有用的信息，可以知道两个个体的共同祖先是不是古老的。但在实践中，需要考虑一些注意事项。基因重组的过程是完全随机的。因此，一位遥远的祖先可能随机传递了个数很少但长度很长的 DNA 片段，而另一位祖先可能只传递了短短的片段。于是，在实践中，要想确定两个个体之间是否有亲缘关系，是否有一位共同祖先，需要查看基因组的所有片段。根据两个人拥有的相同基因组片断的数量，以及它们的长度，才可以计算出他们的亲属关系。

冷案重启

这些计算方法被遗传学家谱网站广泛使用。使用这些网站，从你的 DNA 出发，通过与已经储存在数据库中的 DNA 做比较，就可以确定你的遗传学表亲。然而，对于 3 代或 4 代以上的远亲关系，你很有可能与这些远房表亲没有任何的共同 DNA 片段，因为正如我们在上一小节中说明的那样，你的家谱祖先不一定是你的遗传学祖先（你们可能有相同的五世祖，但这位共同祖先并没有传递给你任何 DNA 片段）。

那么，基因数据库要如何克服这个障碍呢？美国的研究人员研究了这个问题。他们考察了一个包含 100 多万人基因资料的数据库，发现其中 60% 的人至少有一位 3 代或 4 代的遗传学表亲。通过推断，这项研究表明，如果 2% 的欧洲裔美国人提供他们的基因数据，那么每位欧洲裔美国人都能在数据库中找到一位 3 代或 4 代的表亲。换句话说，如果数据库中包括了 300 万人的基因资料，那么对任何个体的 DNA 来说，就有可能找到至少一位 3 代表亲。

在美国，像这样能够让个体录入 DNA 数据的数据库网站越来越多。这些数据库受到媒体越来越多的关注和报道，是因为它们帮助警方解决了不少陈年冷案。其中最著名的莫过于"金州杀手"的被捕，这名罪犯在1976—1986年间犯下了13起谋杀和强奸案。警方在其中一个案发现场中提取到了罪犯的DNA，然后在数据库中找到了他的一名远房表亲。随后，"家谱调查员"围绕着这名表亲重建了家谱树。通过筛选那些年龄和性别与犯罪侧写匹配的后裔，调查员设法确定了一名嫌疑人。警方悄悄翻找了嫌疑人的垃圾桶，找到了一根他用过的吸管，DNA分析确定了凶手的身份。此后，还有数十起悬案以这种方式被破获。

这些新技术也开始在美国引发关于私有财产问题的讨论。想象一下，一个用户想要建立自己的家谱，又或者仅仅是为了寻找表亲，把自己的DNA资料放在这种数据库中，这意味他把自己所有的近亲或远亲都暴露在了警方的调查之中。虽然利用这种工具来寻找失踪人员或犯罪分子是可以被理解的，但这些DNA家谱数据库也为各种人员的身份识别开辟了新道路。例如，研究人员已经表明，他们可以识别那些为重要的公共遗传研究项目匿名捐献DNA的美国人。

更糟糕的是，当家庭内部成员参与DNA测试时，可能会在有关成员不知情的情况下发现虚假的亲子关系。比如，一对兄妹发现，他们居然是同母异父，家庭的秘密因此曝光。这些出乎意料的"真相"可能让个体在心理上无法接受。比如，在美国，有人创建了一个社交网站小组，名为"DNA非亲子事件交友群"（DNA NPE friends），专门帮助那些DNA鉴定出"非亲子关系"的个体渡过心理上的难关。互联网上充满了各种故事，意外发现的亲友，还有数不清的家庭伦理剧。你的 DNA 是独一无二的（同卵双胞胎除外），它是你的基因身份。然而，DNA 并不仅仅属于你，它也属于你的亲属，因为你与亲属共享 DNA。DNA 的这些新用途也提出了新问题，包括对这些遗传信息的存储、控制和获取权利等，更不用说它们可能的商品化了。

原籍地测试

还有一类遗传学家谱测试，比上面提到的更粗略，这就是原籍地测试。2015 年圣诞节，我们的洛朗收到了一份礼物。他按照指示采集了自己的唾液，然后将装有 DNA 样本的小管子邮寄出去。几周后，结果出来了。洛朗被告知，他的 DNA 有 25% 是意大利人。然而，洛朗翻阅了自己的家谱，并没有找到任何一位来自意大利的祖先。4 年后，洛朗再次参加了同样的测试，令他惊讶的是，这一次，他被告知只有 2%DNA 是意大利人。此外，测试结果中出现了一个新的"老家"：洛朗有 23% 是法国人。2% 或者 25% 的意大利人意味着什么，为什么测试结果会发生变化？

为了回答这个问题，必须要知道这些测试的原理。在你的唾液中，含有包含 DNA 的细胞。当负责原籍地测试的公司收到你的 DNA 时，他们会读取某些在不同人口群体中存在差异的已知部分，并将其与参考 DNA 做比较。对数以千计的 DNA 片段重复该操作，可以计算出一个百分比。"你的 DNA 有 25% 是意大利人"意味着，在 25% 的情况下，你的 DNA 片段和参考人口的 DNA 片段是匹配的。

想要理解为什么同样的测试结果却有所不同，第一个要明白的问题是：这些测试是比较你的 DNA 与该公司自己建立的参考人口的 DNA。尽管在学术论文中，对某个人口的构成方式有明确的定义和描述，但对提供这些测试的公司来说，参考人口是怎么构成的很难明确。

在研究中，一般而言，参考人口通常被定义为 4 位祖父母都是来自该群体的个体。这种定义方式直接越过了 20 世纪的全球移民浪潮，让我们回到了 20 世纪初。我们当然有理由认为，做 DNA 测试的这些公司也遵循了相同的原则，但并没有证据表明这一点。

第二个问题涉及所使用的人口的含义。例如，"法国人"是什么意思？让我们暂时不考虑行政范畴上的问题，不考虑"本土和海外"之类的问题，就假设所谓"法国人"指的是出生在欧洲本土的个体。对遗传多样性的研究表明，在欧洲范围内，如果我们考虑由 4 位祖父母来自同一个地方（即在半径小于 50 千米或 100 千米的范围内）的个体构成的人口群体，那么两个个体之间的遗传接近性与地理环境高度相关。简而言之，法国的阿尔萨斯人和德国的法兰克福人之间的遗传相似性，要比里尔人和马赛人之间的遗传相似性高得多——虽然他们都是法国人！ [1]

---

[1] 法国的阿尔萨斯地区和德国的法兰克福地区在地理上相邻。里尔是法国北部的大城市，而马赛则是法国最南部的大城市，距离近 1 000 千米。——译注

比如，假设你的祖先来自北方，而法国的参考人口是由来自南方的法国人组成的，那么测试结果很有可能将你认定为比利时人。如果一个人的祖先是意大利北方人，而在数据库中，意大利的人口数据是由意大利南方人构成的，法国人口则是由东南部的法国人组成的，那么，此人肯定会被贴上"法国人"而不是"意大利人"的标签。

在更广泛的地理范围内，假设你的一些祖先来自西伯利亚，而测试中的北美洲参考人口包括美洲原住民，不包括西伯利亚人，那么你的来源人口将被归类为美洲原住民。因为他们在 1.5 万年前离开西伯利亚，而你的西伯利亚祖先从没有踏上美洲土地。

双生子原籍地差异之谜

问题就在于，每一家此类公司都有不同的参考人口群体，而这些参考人口也或多或少地覆盖了某些地区。因此，你如果在不同的公司测试，肯定会得到一系列不同的结论，而且有些结果会让你大跌眼镜……

有个有趣的小故事，一对同卵双胞胎把 DNA 寄给了不同的公司，参加原籍地测试。一些公司给出的结果是二人的原籍地在北非或中东，另一些公司则完全没提到这些地方！而且，更令人感觉不靠谱的是，在同一家公司做测试，两个人的结果居然是不同的！可是作为同卵双胞胎，他们的基因组是完全相同的！双胞胎中的卡利被认为是 13% 的"广义上的欧洲人"，而卡尔西则被认为具有更多的"东欧成分"。这种情况是由于计算的算法出了问题，从相同的数据中产生了略有不同的结果。这个例子提醒我们，所谓"百分比"更应该被看作是指示，其数值会受到统计不确定性的影响。

总的来说，关于个体的原籍地，在大陆的尺度上，各个公司给出的结论是一致的，个体身上的欧洲人、美洲印第安人、非洲人和亚洲人的百分比也都是一致的。反过来，当考察大陆内部的情况时，各个公司的结果就不那么可靠了。在人口群体之间没有什么基因差异，只有"遗传接近度的梯度区别"的地区，"来源人口"的划分更加随意，并且更依赖于参考样本的选择。此外，多民族和遗传多样性高的地区也没有得到充分的呈现。比如，在我们开展田野调查的中亚地区，同一个国家的不同民族之间，可能存在着很大的基因差异，然而这些特殊性并不会在参考人口中得到体现。如果用户认为可以利用这些基因测试来追踪祖籍，结果可能会令人感到沮丧。比如，像"50%的中国人"这样的结果，对于一位想要找到自己老家的被领养的孩子来说，就没有什么用处。

如果你收到这种测试作为礼物，请切记它们只是娱乐性质的！至于你得到的结果，实际上只能提供非常有限的信息，并且绝对不能按照字面意思去理解。

{ *2010 年左右* }

MONTÉE DES
NATIONALISMES
EN EUROPE

民族主义
在欧洲抬头

　　近年来，欧洲见证了前所未有的民族主义政党选举热潮，如果不讨论一下种族主义，我们这个关于人类基因和历史的话题似乎就是不完整的。遗传学对于"种族"这个恶名昭彰的概念还有话说吗？原籍地基因测试的发展提出了另一个问题：这些测试是否有可能通过将个体分类而助长种族主义？这些都是我们需要解决的问题。

　　就像任何群体分类一样，种族是一个模糊的集合，边界随意且可变。由于有了 DNA 分析，我们毫无疑问地知道，我们都来自非洲，我们在基因上有 99.9% 的相同之处，并且几乎不存在与我们地理来源地有关的基因差异。来自地球两端的两个个体之间的基因差异，仅仅比祖先来自同一地区的两个个体之间的基因差异大那么一点点。但虽然差异并不大，却足以追溯个体祖先的地理来源。

我们这个物种已经遍布整个地球，同时人类倾向于从近到远的迁移，与离家不太远的另一半结婚。因此，孩子们往往住在距离父母很近的地方。针对来源地的基因测试揭示了人类历史的两个组成部分：迁移和地理稳定性。如果没有地理上的稳定性，就不可能存在当地人口对特定环境的遗传适应性。比如藏族人对青藏高原高海拔的适应性，他们之所以具有这样的特征，是因为世世代代都生活在高海拔地区（据估计有数千年）。

相反，"不同人口群体之间的基因差异极其之小"这一事实，也是人类在整个物种大冒险的过程中不断迁移的历史标志。不同的观点会分别强调人类迁移的历史或通过局域适应性获得稳定性的历史。遗传学产生数据，解释起作用的机制，但它是道德层面上的观点，是一个时代的社会规范，而社会规范决定是否为我们DNA之间的差异赋予一定的价值。但是，事实仍然是，不同的人群拥有不同的DNA。然而，这些差异是否真的和种族有关？我们能通过DNA来定义种族吗？

医学中的"种族"

一个值得回答的问题是，基于地理来源的"分类"在医学上有意义吗？答案是否定的，因为医学中的相关子集和种族或民族并不重叠。比如，地中海贫血症是一种遗传性贫血疾病，在撒哈拉以南的非洲地区、整个地中海地区及东南亚地区很常见，但在东非却不常见。因此，地中海贫血症不是非洲血统的标志，反过来，拥有非洲血统也不意味着就有罹患此病的风险。

同样，可怕的遗传病泰萨二氏病[1]不仅会影响阿什肯纳兹犹太人，也影响了加拿大魁北克法语区的人口。使成年人能够消化牛奶的适应性在北欧人口中当然很普遍，但是在撒哈拉以南的非洲地区和中东的一些人口群体中也存在这种突变。

相反，在其他情况下，对某些遗传特异性的相关分类对应的是高度本地化的人群。比如对高海拔的适应只涉及青藏高原上的藏族人，而并不是所有亚洲人。超强闭气能力广泛存在于海上的游牧民族——印度尼西亚的巴瑶族之中，但和陆地上的其他人并没有什么关系。

总之，读者应该会发现，所谓种族分类并不包含可靠的生物学信息。每个种群都可能在其历史发展的过程中，在偶然或自然选择的情况下形成了独特的遗传特异性。但具有某些遗传特异性的人口群体并不能与社会认知中的种族类别重叠。即使我们试图无视种族这一概念的政治、历史和社会意涵，仅把它看作一种生物多样性的分类，这种归类方式在医学上也是绝对不可行的。

---

[1] 此病会引起大脑皮质及神经细胞变性、死亡。临床上表现为严重智力低下、失明和瘫痪。患儿初生时正常，数月或 1 岁后出现症状，患者多在幼儿期死亡。——编注

为不可接受的行为辩护

此外，种族的概念并不仅限于根据已证实的或假定的来源地对个体加以分类。自从 18 世纪，种族这一分类法出现以来，在其发展的过程中，我们可以看到这些分类还划分了等级，将一些群体凌驾在另一些群体之上。正如男性被认为"优越"于女性一样，种族类别将欧洲人置于亚洲人和非洲人之上。基于这些等级分类，还增加了所谓"本质化"（essentialisation）倾向，即认为从这些生物特性中，会衍生出道德、智力和心理能力方面的差异，这些差异是不可被改变的，并且代代相传。

这种本质化对个体来说如影随形：我们将根据某人的预设来源地了解他的一切。虽然每个人都应该可以自由地提出能够象征其身份的理想要素，但本质化却通过标签将人异化。同样的机制也在性别歧视中发挥着作用。在一个有性别歧视的人眼中，我永远不可能是一位科学家、一位植物爱好者、一位旅行发烧友；我说的任何话，都将被简化为"我是一个女人"这一事实。

在种族分类的框架下，我们经常能听到以下这些本质化的表述："你们 XX 人是小偷""你们 XX 人能歌善舞""你肯定精通电脑""你一定很有钱"……为了展示这些概念，我与一位历史学家同事卡罗勒·雷诺-帕里格特（Carole Reynaud-Paligot），以及我在人类博物馆的团队一起设计了主题为"我们与他者——从偏见到种族主义"（*Nous et les autres–des préjugés au racisme*）的展览，该展览于 2017 年开幕，此后一直在法国和国外巡回展出。

等级化和本质化经久不衰，并被用来为不可接受的行为辩护——无论是奴隶贸易、对某些人口的奴役，还是种族灭绝。二者依然反映在基于个体被假定的地理、民族或宗教出身的种种歧视之中。简而言之，虽然可以根据个体的基因接近程度来分组，但用种族一词来描述这些群体，以及我们这一物种的多样性是不恰当的。

测试的偏离

在种族这一观念的基础上，衍生出来的 3 个概念——分类、等级化和本质化，让我们意识到了原籍地测试可能导致的偏离。虽然这些测试往往揭示了当代人的多个来源地，并在这个意义上回顾了我们这一物种的迁移历史，但也可以被反过来用来加强所谓"优越地理起源"。

例如，基因检测在美国政治光谱的极右翼，即"另类右派"群体中风靡一时。这一群体的成员往往强调自己的欧洲血统，如果是来自北欧的话，那就更值得"自豪"了。具有讽刺意味的是，他们为自己的乳糖耐受能力而感到自豪。的确，北欧人口的乳糖耐受率很高，但这些"另类右派"肯定不知道，一些非洲人口，比如图西族人的乳糖耐受率也在 90% 左右。

这些测试有时会导致本质化。比如，有些音乐应用程序会根据你的基因起源地推荐音乐，就好像基因能影响人的音乐品位似的！此外，这些测试也试图染指"身份"的概念：通过其所谓科学方法，遗传学会揭示个体真正的"身份"，展示我们究竟是"什么人"。然而，通过将身份归化，有可能将其固化，将个体锁定在其中。而如果人们过于看重基因身份，就会与现代性产生对立，而正是现代性赋予每个人定义自己的自由。

很明显，对原籍地的基因测试，以及对我们这一物种的遗传多样性的了解，有时会被使用或者当作参考，以加强或者消解种族主义的思维。然而，基因测试并不意味着种族主义！让我们务必保持批判的眼光。

邪恶的根源

难道种族主义真的是一种人类无法摆脱的邪恶吗？根据历史学家和社会学家的研究，我们能了解到让一种社会过渡到另一种社会的机制，而在后者中，种族主义是一种常态。我们看到了，在特定的历史时刻，种族主义是如何被统治者、知识精英、媒体和公民社会等群体在社会中构建的。这种种族主义的社会是在大征服的背景下出现的，比如殖民化和奴隶制，又或者是在民族主义的背景下出现的"种族净化"的概念，纳粹政权就是一个极端的例子。这种对社会过程的解读能够使我们保持警惕，并了解种族主义会在某种特定的土壤上"生长"。认为人类天生就是种族主义者的想法是错误的。然而，在某些社会政治背景下，确实可能会变成这样。

此外，有一种特质似乎是人类本性的组成部分：民族中心主义，即更偏爱自己所属的群体。在大多数社会中，往往存在着一个褒义术语来定义自己的群体（即内团体）；以及一个贬义术语来指代"他者"，即自己团体以外的人。社会心理学甚至定义了"最小团体"的概念，即能够让团体成员产生归属感的群体最小化定义。

一个具有里程碑意义的实验揭示了人类对于自己所属团体无法抗拒的这种偏好。实验是这样的：从一个班级的孩子里任意抽选两组孩子，分为红队和蓝队，然后让孩子们分发糖果。平均而言，孩子们会给自己所属小组的成员分发更多的糖果，哪怕这个小组仅仅是在几分钟前才被定义的。从"形成团体"到诱导偏好，并不需要太多额外的手段。

但人口的历史表明，这种民族中心主义总是与对"外来者"的接受同时存在的。事实上，并不存在因为文化原因而被孤立的人口群体，至少极为罕见。我们的基因组中就包含了融合与杂交的痕迹，甚至与尼安德特人这样的不同人属亚种也有交集。那么，为什么人类这一物种会有"民族中心主义"的倾向？从进化论的角度来看，一个合理的解释是，个体最好与所属群体中的其他人分享资源，这样他们可以在未来回报你。

这种互惠机制使人类特别擅长合作。一些研究倾向于表明，最善于合作的个体会受到重视，并在生殖方面更具吸引力。显然，演化使我们走上了这样一条道路，使我们能够生活在大群体之中，甚至与那些和我们没有亲属关系的人合作。我们的合作意愿是发展共同利益的基础。这就是"征税"的原则，但是它在很久之前的人类社会中就存在了。新石器时代的欧洲人在旷野上竖起了巨石，而这些巨石建筑需要合作才能建造出来。

20 欧元就翻脸

只有在确保"作弊者"能够受到惩罚的情况下，"公共财富"的概念才能发挥作用。由于这个原因，我们也会有一种与生俱来的公平感，能够发现骗子，正如经济学家设计的一个实验显示的那样。这个实验是这样的，假设有两个人，卡洛琳和苏菲。实验人员给卡洛琳 100 欧元，并请她与苏菲分享这笔钱。卡洛琳可以提出一种分配方式，而苏菲则有权选择拒绝或接受这种分配方式。如果苏菲拒绝，那么卡洛琳和她都得不到钱。如果遵循完全理性的逻辑，我们会认为苏菲会接受卡洛琳分给她的金额，不管这个金额是多少。因为即使卡洛琳自己留下 99 欧元，只分给苏菲 1 欧元，这也是白捡的 1 欧元。

实验表明，在现实中，如果苏菲认为这次分享是不公平的，她会拒绝这笔钱，即使这意味着她一分钱都拿不到。拒绝这笔钱，苏菲当然会空手而归，但她也阻止了卡洛琳拿到钱。被认为是"公平"的金额取决于参与实验的人群，金额在 20~50 欧元不等。信不信由你，但是，一旦被分到的金额低于 20 欧元，苏菲总是会拒绝！这种公平感反映在我们面对不平等和"欺骗"

时的不满意，甚至是愤怒上。

然而，偏爱自己所属的团体并不意味着个体希望贬低、支配或仇恨他人。就像我前面提到的，这些负面情绪的产生需要一个政治背景。民族中心主义并不是种族主义，它只是本质化的组成部分之一。本质化是一套刻板印象，也体现在性别歧视和同性恋恐惧症之中。此外，不能容忍地域多样性的人通常也不能容忍其他特殊群体，而且更有可能是性别歧视的拥趸。然而，现代生物学与这种本质化并不兼容。我之所以这样说，有很多原因。

首先，构成个人的许多特征在原则上并不是遗传的，例如善良、道德、信仰等。

其次，差异性以及与遗传变异有关的那些特征，换句话说，那些具有遗传成分的特征，也取决于个体发展的环境。为了理解遗传和环境之间的联系，我将以个体的身高为例。这很有启示意义，因为遗传因素的影响确实被清楚地证明了，但个人发展的环境对身高同样重要。证据之一就是，20世纪欧洲人平均身高的增加是更好的健康环境和卫生条件的结果，而不是遗传的原因。

最后，让我们以肤色为例。在生物学层面，不同肤色涉及的遗传变异实际上只会对色素编码，而不会对其他特征编码。

因此，认为一个人的肤色决定了他的道德、智力和心理能力，是一种思维的过度简单化。这种简单化的思维方式包含了这样的想法：一个人究竟是什么，他的本质是由他的地理出身决定的，不可改变。有一种"现代版本"的刻板观点认为，个人是由他的出身决定的：在不否认文化重要性的情况下，这种观点的支持者认为，文化是不可改变的，稳定地从一代人传递到下一代人。在这里，个人再次被锁定在一种决定论之中，被赋予了一个身份。

带有偏见的历史观

这种关于个人身份的决定论观点在人口层面上也有体现。因此，有些人甚至认为，人口的肤色将决定他们在"历史的伟大征程"中的前进步伐！这种本质化有一个范式，即生物性能决定文化性。具体而言，每个人类群体在不同的生物学影响下，会具有不同的"文化水平"。然而，目前对人口群体的遗传学研究表明，事实恰好相反，正是文化习俗对遗传多样性产生了影响。不同人口之间的一些基因差异实际上是文化习俗导致的结果，比如婚姻规则和亲属关系规则等。导致这些文化差异的不是基因差异，而是反过来，前者导致了后者。这些研究颠覆了这种从生物到文化的联系范式。

在我看来，正是通过解释种族主义的组成部分，我们才能解构它，努力接受多样性，而不是否认多样性的存在。我们所有人都有亲缘关系，当然也存在着差异，这些差异部分地与我们祖先的地理起源有关。而所有这些，都不应该成为阻碍我们个人自由的理由。

250 MILLIONS DE
MIGRANTS DANS LE
MONDE

　　人类自诞生以来，逐渐定居地球的过程构成了一段波澜壮阔的移民史，时至今日依然如此。2015 年，联合国做出统计，全球共有 2.5 亿移民（根据联合国的定义，所谓移民是指原本在一个国家生活的，并且去另一个国家定居了至少 1 年的个体）。为什么在人类定居地球的过程中，出现了如此多的移民现象？这些移民事件如何改变了我们这一物种？这些问题实际上一直贯穿本书的写作，而且通常是作为隐藏在表问题下的"隐问题"。现在，是时候做出正面的回答了。

　　我们首先可以从对当代移民的研究中学到些什么？其实，这些研究让许多先入为主的想法土崩瓦解！第一个反直觉的结论是，南方国家 [1]（根据联合国的统计，包括中美洲和南美洲、非洲，但也包括中国在内的亚洲国家，日本不在此列）之间存在更多的移民交流。1 亿的移民人口出生在一个南方国家，并且生活在另一个南方国家。而"南北移民"的人数大约在 8 400 万，北方国家之间的移民有 5 700 万，而 1 200 万移民是从北方国家迁移到南方国家的。

第二个反直觉结论是，人们往往会逃离最贫穷的国家，到最富有的国家谋求更好的生活，这种印象是错误的。全球研究表明，移民并不是来自最贫穷的国家，而是来自中等富裕的国家，这也导致一些人担心撒哈拉以南非洲的进一步发展将导致向欧洲移民的大潮。然而，在不预判未来的情况下，我们已经知道，75% 的非洲移民会移民到一个非洲国家。此外，发展和移民之间的联系并不是一成不变的。例如，正在快速发展的埃塞俄比亚，其移民率正在下降；相反，它正在成为一个移民输入国家。

这些全球研究给出的第三个反直觉结论是，人口过剩和移民之间的联系是脱钩的。移民并不会自然地从人口过剩的国家流向人口下降的国家。比如位于巴尔干半岛上的国家正处于人

---

[1] "Pays du Sud" 是法语中的一种表述，在 20 世纪 80 年代，用来指人类发展指数和人均国内生产总值较低的国家，它们大多位于新兴大陆的南部。相比之下，具有高人类发展指数和高人均国内生产总值的国家，被称为北方国家或北方。法语中"南北对立"一词被用来指这两个国家集团之间的利益冲突，通常是经济冲突。然而，这些术语并不十分精确，在地理上也不相干。——译注

口衰退期，超过 20% 的人口移居国外；而对处于全面人口增长期的非洲国家来说，这一数值平均只有 3%。总之，真实的情况并不像有些人杞人忧天的那样：年轻的非洲人口机械地涌入欧洲大陆。

（人类的）生物多样性是一件好事

人们为什么要迁移？显然，每一位来到新国家的移民都有着自己的故事，但考虑到这一现象长期以来的普遍性，我们是否可以在环境因素的基础上增加另一种更普适的解释？在整个人口的集体层面上，答案很简单：迁移有益于生物多样性。在生物界，如果没有迁移，一个封闭的种群将在几代之内失去多样性，而这种损失只能由突变产生的遗传新特性来补偿。突变是持续不断的，并且构成了物种演化的基础，但它其实是一个强度非常低的事件。

因此，一个封闭的人口群体在遗传层面上是贫瘠的。相反，一个对移民交流开放的种群会因移民的到来而得到丰富的遗传多样性。多样性对一个种群或物种的生存非常重要，它是一个潜力库，自然选择从中汲取"养分"，产生适应性，也就是为了应对环境变化、新的病原体、新的食物来源而不断做出必要的适应。应该注意的是，反过来，过度的迁移也会限制当地人口的适应性。自然选择的适应需要时间，一部分人口会在几代人的时间里形成某种形式的稳定。

早在 20 世纪 30 年代，这种迁移与稳定的二元性已经被形式化，以描述确保一组种群的最佳适应性的均衡状态。该模型描述了彼此相对隔离的亚种群，因此每个亚种群都能够适应当地的环境，同时这些亚种群之间也会定期发生迁移。这很有可能就是人类在演化中所遵循的模式，长期以来，正是这种模式主导了重要新事物的出现，比如双足行走和发达的大脑。

避免竞争

然而，一个更难回答的问题仍然存在：如果说在人口层面，移民带来的积极作用已经得到了很好的解释，那么在个体层面，移民有什么好处？一旦一个个体适应了当地的环境，他冒险进入一个其适应性可能较差的新环境的意义何在？进化生物学的推理提供了几种解释。其中一个解释是，迁移避免了源种群中个体之间的竞争。这一解释的批评者则回应说，生活在一个群体中可能会产生竞争，但也会加强个体之间的合作。

另一种解释似乎更有说服力：迁移会防止与亲缘关系太近的对象交配。简而言之，这是一种预防近亲繁殖的方式。这也是为了解释雌性黑猩猩迁出其源社区而提出的传统论点：雄性黑猩猩会与来自不同基因库的雌性黑猩猩交配繁殖。在人类种群中是否也有这种原则？与远方的人结婚，是一种限制近亲结婚、增加遗传多样性贡献的有效方法吗？

答案是不明确的，要取决于具体情况。比如，在中亚地区实行高频率族外通婚的游牧民族中，一半以上的男性会和另一个村庄的女性结婚，但来源地相隔很远的夫妇，在血缘关系上却比来自同一村庄的夫妇更为密切。虽然女性在地理上"远嫁"，血缘上却是与"近亲"结合。在 19 世纪中叶的美国，也存在同样的现象（人们择偶的范围扩展到了半径 20 千米的区域内，而 19 世纪初这个范围的半径只有 10 千米），但在 19 世纪末，这一趋势被逆转了。

这些例子表明，目前的模型在处理迁移与亲缘关系或遗传接近性的关联性时将问题过于简单化了。人类除了移民，其实还有其他手段来限制与在遗传上过于接近的近亲结婚。人类学研究已经描述了一系列的亲属关系系统，这些系统规定了可以结婚和不可以结婚的范围，有总共 1 000 多种选择配偶的方法，保证了对方的血缘关系既不能太近也不能太远。

移民的核心

那么，移民的个体驱动力是什么呢？当代的移民在迁移距离上显示出很大的差异性。除了连续的逐步迁移，还有更远距离的迁移。因此，现在的移民比过去的移民更加多样化。

所有的专家都同意，移民现象及其动机具有巨大的多样性。目前的模式整合了两方面，其一是逃离困境的愿望，通常与政治、经济或人权问题有关；其二是目的地国家的吸引力，无论是为了经济、家庭，还是为了个人技能的实现。

对人类长期历史的认知表明，发现的乐趣和好奇心也是迁移的动机之一。我们会响应冒险和探索之心的呼唤，否则很难解释为什么在 10 万年前，现代人会走出非洲，踏上冒险之旅……与这些人口迁移呼应的是，回顾过去，我们会发现人口的稳定性也一直存在。令人惊讶的是，只要有数据可查（数十年间的数据），居住在其出生地国家的个体比例一直稳定在 95% 以上。这一数字反映了一个事实：人们会与离家不远的另一半结婚，孩子们也倾向于在父母身边定居，这是依恋一个地方、一个环境和一个社会网络的标志。

永恒的融合

如今，全球范围内的移民给人类带来了什么？迁移是否还是遗传多样性的来源？纵观历史，基因数据告诉我们，移民人口通常与当地人口发生融合。仅以欧洲为例，现代人在走出非洲、向外扩张的过程中与尼安德特人相遇并结合；在随后的两次大迁徙浪潮中，来自中东的农民与欧洲当地的狩猎采集者结合，然后来自高加索北部的游牧民族与欧洲当地居民结合，等等。

回顾人类的历史，我们会发现，没有发生人口结合的移民并不多见，为数不多的案例之一是北美洲，欧洲人几乎完全取代了美洲的原住民人口（在美国，自认为是"白人"的人口，他们的基因库中只有不到 0.2% 可以追溯到美洲原住民的血统；

相比之下，中美洲国家人口几乎有 20% 的美洲原住民血统，这些国家也是由欧洲人殖民的，具体而言是西班牙人）。

此外，在当代社会中，人口的混合仍然在持续。这种混合的比例是可以被测量的，其数值升高得非常快。在法国，65%的移民子女会与父母并非移民的当地人结婚。如果我们假设这个数字在下一代中保持不变，那么只有 12% 的移民孙辈没有与当地人口结合，而在再下一代中，这个数字只有不到 5%。

因此，与某些媒体和知识分子的看法相反，法国是一个以人口混合为常态的国家，65% 这个数字意味着高混合率。要知道，在美国，只有 17% 的非裔美国人会和他们社区之外的人口结合。

远距离移民

除了诸如目前影响欧洲的环境性移民（circumstantial migration），世界上还有很多移民吗？事实上，迁移的强度在不同的人口和个体之间有很大的差异，而且还取决于我们观察的尺度。

在地方一级，定居原则占主导地位，这导致了父系社会中的女性比母系社会中的男性具有更高的流动性。此外，一些人口显现出对内婚制的强烈倾向性，而另一些人口则对移民群体非常开放。中亚的突厥人口显然是倾向于族外通婚的，50% 以上的夫妇来自不同的村庄；与此相反，印度－伊朗人口则具有非常强烈的内婚倾向，80%以上的夫妇来自同一村庄。

在人口内部，个体之间也存在着差异。在加拿大魁北克或者瓦尔瑟里讷河谷，丰富的历史人口数据表明，移民情况因家庭而异，移民行为在家庭内部世代相传。简而言之，有些家族定居当地，有些家庭远走他乡。

除了这些地方性的现象，还有远距离的迁移。虽然在地方层面上的父系社会中，男人在村庄之间的迁移很少，但在更远的距离上，男性的迁移更多，正如欧亚大陆的 Y 染色体分布揭示的那样：有些 Y 染色体单倍群在人口繁衍方面取得了强大而广泛的成功。一项对 19 世纪美国配偶双方来源地之间距离的详细研究显示，女性迁移较多但距离较短，而男性迁移较少但距离通常较远。

这些迁移将如何影响人类的多样性？与之前的几千年相比，目前的人类迁移往往跨越了非常遥远的距离。这将减小远距离人类种群之间的基因差异，并且增加种群内部的遗传多样性。就我们的身体外观而言，出现新的表型（种群外貌）并非不可能。在旧金山的唐人街，我就见到过圆脸、单眼皮、蓝眼睛和深色皮肤的外貌组合，令我大吃一惊。

人类的寿命能延长到 140 岁吗

除了人口迁移，对于人类未来的变化，还有什么未言之语吗？或者说得更明白一点：人类还在演化中吗？如果你向生物学家提出这个问题，答案是显而易见的：是的！总之，和任何其他生物一样，在我们的基因组中，每一代都会出现新的突变（通过偶然或自然选择出现），有些突变会消失，有些突变的频率会增加。简而言之，我们这一物种的基因构成正在发生变化。但我们的外表会因此发生变化吗？不少人想知道这个问题的答案。

从智能手机到长颈鹿

"2100 年，人类的双腿萎缩，甚至因为不再使用而变短了，最没有用处的小脚趾已经消失不见。这个时期的人类有着纤长的手指，以便更好地操作智能手机，每只手通常有 6~7 个指头，因为长期注视屏幕，他们的眼眶变成了方形……"在对未来的集体想象中，这种对"未来人"的描述非常常见。然而，它却包含多处错误，特别是关于后天性状的遗传。按照这种想法，一个经常被使用的器官，或者相反，一个已经变得多余的器官，将以其新的形式遗传给我们的后代。比如说，一个肌肉发达的人，会把一身肌肉遗传给孩子。

在 20 世纪 50 年代的教科书中，长颈鹿的故事被用来解释一种生理特征的出现，人们往往从后天特征的遗传或从自然选择的角度来解释它。故事是这样的，一群长颈鹿在大草原上吃树叶，那些脖子长的长颈鹿能够比其他长颈鹿获得更多的食物。几代之后，长颈鹿的脖子变长了——为什么？

从后天特征的遗传来解释：一只长颈鹿努力将脖子越伸越长，通过这样做，它的脖子变长了，能够吃到更高处的树叶，并把这种长脖子的特性传给孩子。从自然选择的角度解释：脖子最长的长颈鹿可以吃到高处的树叶，生存能力更强，所以它能够生育更多与自己一样，脖子更长的小长颈鹿。今天的我们知道，第二种解释才是正确的。

为小脚趾的未来烦恼

自然选择的演化需要 3 个要素：某一性状存在着可变异性，物种的生存或繁衍取决于该性状，以及该性状能够被传递给后代。按照这种规则，我们很容易就知道一个"未来场景"是否可能发生。以我们的小脚趾为例，它真的会消失吗？

要使这一特征通过自然选择得到演化，首先，必须有变异性存在，也就是存在着有小脚趾的个体和没有小脚趾的个体；然后，拥有或者没有小脚趾是一种生存优势；最后，拥有或者没有这个脚趾的特征会遗传给后代。

可以看出，我们距离满足这3个条件还差得很远。然而，事实的确是，如果一个器官失去了它的用处，那么导致该器官丧失的突变就不会被自然选择淘汰，因此该突变会在几代人的时间里不断积累，导致该器官在很长一段时间后彻底消失。比如，这种现象解释了，为什么人类所属的类人猿群体不再有尾巴。当尾巴不再有用，经过数百万年的时间，我们终于失去了它！

表观遗传学的见解

随着表观遗传学的发展，关于后天性状遗传的一些想法已被重新审视。表观遗传学涵盖了所有根据环境调节基因表达的机制，其中一些基因表达的调节是由母亲传递给孩子的。这种现象在遭受过饥饿的女性身上得到了证明。据观察，这些女性的孩子在子宫内就形成了相应的表观遗传特征，这些特征将帮助这些孩子在出生以后尽可能多地储存为数不多的资源，即"制造脂肪"。如果这些孩子后来在暴饮暴食的环境中长大，他们的身体将倾向于过度积累热量，患肥胖症的风险更高。

因此，母亲生活的环境（在前述情况中是营养贫瘠）会导致她的孩子更容易罹患代谢性疾病。现在的问题是，这样的机制是否可以传递给后代。当然，尽管大多数表观遗传特征会在减数分裂的过程中被重置（减数分裂是在产生配子时发生的），但有些特征会遗传到下一代。这是一个正在迅速发展的研究领域。表观遗传的传递已经在实验室的小鼠身上被证明超过 2~3 代。针对人类群体，许多研究团队正在努力回答这个问题。事实仍然是，除非另有证明，否则这种传递的影响是极其微不足道的，换句话说，表观遗传学虽然对个体适应环境来说很重要，但并不会撼动适应性是通过自然选择实现的这一事实。

生存和传承

对我们这一物种来说，通过自然选择而演化是否仍然是可能的？从表面上来看，我们已经从这一机制中解脱出来了。我们排除了所有捕食者的威胁，而对女性生命的最大威胁——死于分娩——几乎被消除，至少在发达国家是如此。此外，在当今社会，至少在法国社会中，婴儿死亡率已经达到了极低水平——接近于零。

回想一下，在 17 世纪，欧洲女性的生育标准是 5~7 个孩子，其中有一半孩子会在 15 岁之前夭折（比如，作曲家巴赫的半数孩子在婴幼儿时期死亡，他的许多兄弟姐妹也没有活到成年）。女性在每次分娩时有 2% 的概率死亡。女性在一生中，有

30% 的风险死于围生期的问题！因此，说我们已经摆脱了自然选择是非常合理的（至少在欧洲是完全准确的）……至少就死亡率而言是合理的。

因为自然选择并不仅限于生存问题，正如我在前文中指出的那样，个体还需要传承自己的遗传基因，找到伴侣、生育后代。然而，在这最后一步，还有一些改进的余地。法国国家统计与经济研究所（INSEE）的一项研究跟踪调查了1961—1965年在法国出生的男性和女性的人口队列，结果显示 20.6% 的男性和 13.5% 的女性终身未育。

如果一个遗传因素与这种缺乏后代的现象部分相关，那么自然选择就可能发生。例如，Y 染色体的遗传变异就是这种情况。在丹麦，约有 30% 的育龄青年男子处于不育状态。详细分析他们的 Y 染色体后发现，某些 Y 染色体组在不育症男性群体中占比过高。因此，只要相同的环境条件持续存在，这些单倍群将在几代之内消失。生育能力的下降似乎与环境因素有关，比如污染被认为会损害某些 Y 染色体。医学有可能部分地补偿这种低生育力，并减弱这种自然选择，但似乎很难彻底纠正它。

这种自然选择的例子（因为它确实算得上自然选择）仍然很罕见。自然选择是一个缓慢的过程，因此很难看到它在"起作用"，除非像上述案例中一样，会对繁殖产生直接和大规模的影响。但是，只要我们对环境因素（比如内分泌的干扰物或其他污染物）具有不同的抵抗力，如果这种抵抗力能够代代相传，而且同样的环境条件持续存在，就足以使自然选择发挥作用。

身高很关键

除了生育能力，性选择（配偶的选择）也是自然选择的组成部分。所谓性选择，指的是使具有某些特质的个体更具有繁殖吸引力的机制。我们已经看到，可能恰恰是性选择在人类演化的过程中导致诸如络腮胡、单眼皮、蓝眼睛等外观性状的普遍出现，而目前我们还不清楚这些性状能给人类的生存带来什么好处。

性选择很难被"探测"到。然而，一些例子已经被详细分析，比如身高。研究表明，女性更喜欢身材高大的男性。平均而言，高大男性的孩子也更多，因为他们找到配偶的可能性更大。这一身材高大的特性被遗传给后代，在这个过程中，自然选择被称为"性选择"，发挥了作用。但请不要忘记，这是一个缓慢的过程，必须在几代人中都保持对高个子的偏好。

这一机制让我们可以想象出一些令人兴奋的未来场景。比如，假设我们对尖尖的耳朵产生了偏好，如果这种耳朵的形状代代相传，经过数代人的繁衍，我们可能会变得像《星际迷航》（*Star Trek*）中的斯波克一样⋯⋯

哦，讨厌的病原体

性选择还包括非随机的伴侣选择现象，即"同类相吸"或"异类相吸"。记载最充分的案例就是与人类白细胞抗原（HLA）

系统有关的例子。

人类白细胞抗原系统在人体免疫中发挥作用：遗传多样性水平越高，我们面对病原体时得到的保护就越完备。人类白细胞抗原系统的这种高遗传多样性是由于基因组相应部分的杂合度过高，即从父亲那里得到的 DNA 片段与从母亲那里得到的不同。通过比较夫妻之间的人类白细胞抗原系统，科学家有了一个惊人的发现：在某些人口群体中，配偶双方往往具有不同的人类白细胞抗原系统。就好像我们是根据对方是否能够增强后代的免疫系统能力来选择伴侣一样！

受试夫妇的子女的人类白细胞抗原系统确实具有更高的多样性，因此可以抵抗更多类型的疾病。具有不同人类白细胞抗原系统的个体是如何实现相互吸引的？我们无法看到潜在配偶的人类白细胞抗原系统，为何却能探测到它？

一个实验回答了这个问题。在该实验中，年轻的男性志愿者被要求连续几天穿同一件 T 恤衫。然后，实验者请一组女性来闻这些衣服，并选出她们最心仪的"味道"。结果表明，平均而言，女性会选择那些人类白细胞抗原系统和自己的完全不同的年轻男性的衣服。关于这个现象，一个假说是，人类白细胞抗原系统与信息素有关，而信息素是动物中一类与性吸引力有关的激素。

这些例子表明，我们并没有"超越"自然选择的演化机制。然而，我们很难，甚至根本不可能想象出自然选择会朝哪个方向发展，哪些特征被选择和将被选择。人类正在强烈而迅速地改变生存环境，而自然选择是一种缓慢的现象。此外，随着种群规模的扩大，某种变化在整个物种之中广泛传播，并且展现出明显可见的变化所需要的时间也变得更长。然而，如果我们把一小群人类送到另一个星球上生活，其演化会加速。通过自然选择或偶然的突变，这些人类肯定会形成一个与留在地球上的人类不同的群体，而这只需要几百代人的时间就可以了。同样地，我们也很难预测那将会是一个什么样的"新人类"。

长高是趋势？

基于这些自然选择的机制，我们是否能够尝试为留在地球上的人类预测未来的变化趋势？身高是一个很好的例子，说明了我们的外表在过去几十年中发生了巨大的变化。平均而言，人类的身高在100年内增加了10~20厘米。这种变化会持续下去吗？我们的后辈都会成为巨人吗？

首先，让我们把时间推回过去，寻找演化的线索。大约在300万年前至400万年前，我们的祖先生活在灌木丛中，个头很小——根据少数可以被估算的化石，这个数字不到120厘米。在随后的数百万年内，人类的身高逐渐增加。今天，欧洲男性的平均身高是178厘米，女性是168厘米。但这种演变的过程并不是线性的。不久前，我们重现了生活在旧石器时代的人类祖先的身高。比如，在2万年前的欧洲，摩拉维亚的男性身高为176.3厘米，而地中海男性的身高为182.7厘米。此后，在新石器时代，男性的身高有所降低，目前已知的最低身高是生活在喀尔巴阡山脉盆地（伦吉尔文化）的男性的身高，7 000 年前，他们的身高只有 162 厘米。

在一个世纪以来有数据记录的人口中，伊朗男性保持着身高增长的最快纪录：从 157 厘米增长到 173 厘米。对女性来说，冠军是韩国女性，从 142 厘米增长到 162 厘米。如何解释这些变化呢？鉴于这种变化速度如此之快，在其中发挥作用的并不是自然选择，而是人口整体而言更好的健康状况。今天，我们能吃饱饭（在富裕的国家），尤其是婴幼儿疾病有所减少。同样地，新石器时代某些人口的平均身高与旧石器时代狩猎采集者的身高相比有所下降，可以解释为由于人口密度增加，疾病流行率有所升高。

尽管有环境因素的影响，但身高是一个由遗传因素决定大部分变异性的特征：身高的遗传率约为 80%！目前对身高遗传编码的研究已经确定了基因组中 3 000 多个涉及的变异（即 SNP，单核苷酸多态性），但每个变异的影响都非常小。此外，所有这些基因调节加在一起也只能解释约 25% 的身高差异，还有其他的遗传因素仍然未知。我们的实验方法限制了研究进展。因为，效果越是微弱，就越需要观察大量的个体。比如最新发现的 3 000 个变异，是基于分析 70 万个体的基因组得到的，而之前的研究"只"考察了 25 万个体，因此只发现了 700 个 SNP。

虽然身高有 80% 是由遗传因素决定的，但环境变化才是 20 世纪人类身高发生变化的原因。这个例子表明了，预测一个特征是否能随环境变化的，并不是它的遗传成分如何。一个性状或许在很大程度上取决于遗传成分，但它可能会随着环境的变化而变化，而且是快速变化。一个性状的"遗传决定论"并不能说明它在应对外部条件变化时的变化潜力。

长高的最佳方法

未来，人类的身高将如何发展？是否存在着一个无法跨越的"身高阈值"？近年以来，人类身高的增长速度正在放缓。在奥地利、法国、瑞士、英国和美国，人类身高增长速度已经变得非常低——与 20 世纪的"10 年 1 厘米"或者"100 年 10 厘米"相比。而且，在一些国家，这个数值已经进入了平台期。

挪威、丹麦、斯洛伐克、荷兰和德国就是这种情况。在挪威，自 20 世纪 80 年代以来，年轻男子的平均身高一直停滞在 179.4~179.9 厘米。在德国，自 20 世纪 90 年代以来，男性平均身高就没有增加，为 180 厘米。荷兰 21 岁男性的平均身高维持在 184 厘米，斯洛伐克的这一数字则是 179 厘米。在一些欧洲国家，如瑞典，年轻男性的平均身高在 10 年内略微增加了 0.7 厘米。

但是，研究也表明，在不考虑移民数据的情况下，瑞典人的平均身高增加了 2 厘米；年轻男性移民占年轻男性总数的 13%，他们的平均身高为 177.7 厘米。目前，几乎没有可比较的数据来估计移民和当地人平均身高之间的关系。换句话说，不能排除欧洲人口身高增长放缓的部分原因（至少在一些国家是这样）是由于身高较低的移民比例较高。由于瑞典人是世界上最高的人口之一，因此不管是哪里来的移民，身高都显得更低。但在其他国家，情况并非如此，比如在英国，来自波罗的海国家的移民的平均身高就比本土人口的身高高。

也就是说，即使考虑到移民人口对身高的贡献，我们也可以清楚地感觉到，20 世纪欧洲生活环境的改善使欧洲人的身高达到了平台期，即遗传学所允许的最大值。要确认这样的最大值是否真的存在，只需要看看天然的矮小身材种群就可以了。俾格米人的矮小身材是写在基因里的，在生活质量更高的环境中，他们有可能长得更高，但肯定不会长到 180 厘米。

我们没有关于近几十年俾格米人身高增长的数据，但我们可以参考其他小个头的人口。比如，危地马拉妇女在 1994 年时的平均身高为 140 厘米，到了 2014 年，增长到 149 厘米，增幅很大，但距离欧洲女性 168 厘米的平均身高依然相差甚远。同样，在欧洲，虽然健康和卫生条件不相上下，但北方人口的平均身高比南方人口的要高。这也是存在一个由基因决定的身高平台的证据。

人人都可能是诺查丹马斯 [1]

前述的分析当然没错，但其他因素也会导致身高的增长或

---

[1] 16 世纪的法国预言家。——译注

降低。其中的一个因素有些学术性：遗传学研究倾向于表明，在欧洲，杂合性与身高呈正相关。杂合性是一种遗传变异性，可以衡量一个人从父亲和母亲那里得到的 DNA 的差异程度。这里我要解释一下，杂合性最高的个体，即父母基因差异最大的人，平均身高更高。如果这一结果得到证实，将意味着由移民产生的遗传混合将增加个体的杂合度，从而提高人口的平均身高。因为移民往往来自更远的地方，是在遗传上更加不同的个体。

遗传学的另一个方面也许是不容忽视的，我们要再次提到它：表观遗传学。通过这种机制，母亲所处的环境可能会影响她的孩子，但不会改变其 DNA 序列。我在前文解释过，一个已经被证明的机制是，人类在子宫中发育时，也会暴露于一个会影响某些基因表达的环境，而这种影响可能会延续到随后的几代人……由于当今新生儿的父母辈和祖父母辈都生存于物质丰足的环境中，也许在我们的基因中，还存在着为身高增加"预留"的可能性？

所以，我们会一直长高下去吗？在前文中，我介绍了影响身高演变的机制。有些机制会在短期内产生影响，而另一些则具有长期影响。足够聪明的人，或许可以预测未来。

人人都是玛士撒拉？

在意大利撒丁岛的阿尔盖罗镇，每个小广场的墙壁上都挂有该镇百岁老人的优雅照片。撒丁岛是世界上百岁老人最多的地方之一。过去两个世纪，更好的生活条件带来了人口规模的扩大，也延长了预期寿命。今天，在许多国家，人类的预期寿命都超过了80岁，尤其是女性。那么，就人类整体而言，是否有朝一日能够与撒丁岛人一样长寿，甚至活得更久？我们都能成为玛士撒拉那样的长寿者吗？

我们的寿命得以延长的真正原因是什么？虽然人们通常忘了这一事实，但是就在19世纪初，全球范围的平均预期寿命还不到40岁。当然，千万不要认为大多数人在35岁时就死掉了！实际上，正是婴幼儿的高死亡率导致了这个过低的预期寿命：如果在一个特定的人口中，一半人能够活到70岁，一半人在出生时死亡，那么预期寿命就是35岁。

1850—1950年间预期寿命的巨大飞跃，即在一个世纪内从大约40岁上升到70岁，是源自婴儿死亡率的急剧下降。自20世纪50年代以来，在10年的时间内，预期寿命再次增加了10年（比如法国人的平均预期寿命从70岁增加到80岁），这是由于与心血管疾病相关的成人死亡率有所下降。

然而，我们必须冷静地看待预期寿命的普遍增加。在过去的20年里，大多数国家的平均预期寿命一直在增加，例如伊朗增加了20年。然而，在另外一些国家，预期寿命一直在降低，特别是在艾滋病肆虐的非洲国家。死亡率过高的年龄组越年轻，对计算整个人口预期寿命的影响就越大。与活到70岁的人相比，一个在30岁死亡的人"缺失"了40年的预期寿命，而在65岁死亡的人只"缺失"了5年。

以俄罗斯人的预期寿命为例：苏联解体之后，因为伏特加的过度消费，使40~55岁成年人的死亡率急剧上升，预期寿命有所下降。后来俄罗斯政府提高了酒价，成功扭转了这一趋势。在很多工业国家，平均预期寿命也在趋于平稳。受肥胖症的增加和过量使用阿片类药物重新抬头的影响，美国人的预期寿命甚至连续两年下降。

社会年龄

预期寿命的增长是否会有一个极限？这是一个让人口统计学家争论不休的问题。有些学者认为，人类的预期寿命已经增长到了极限，而另一些学者则认为，某些疾病，特别是癌症死亡率的下降将进一步提高预期寿命。

降低老龄人口的死亡率确实可以提高预期寿命，但是，由于受益者几乎都是老年人，所以从数学计算的角度上看，对预期寿命的提高贡献不太大。我们中的一些人可能会活得更久，但作为一个社会，我们的集体收益不多。此外，由于当前女性吸烟者人数的增加，女性罹患癌症的比例也随之增大，对于癌症死亡率也会产生影响。

还有其他方法可以用来提高预期寿命吗？的确，就拿法国来说，最"高阶"和最"低等"的社会职业类别之间的人类平均预期寿命，居然相差了整整13年！这确实意味着有一个巨大的进步空间。

终生跟踪个体的纵向研究有助于更好地了解与长寿有关的因素。综合分析 148 项研究后，结果出人意料。个体融入社会网络的程度对其生存的影响不亚于传统健康因素对其的影响，比如酒精、烟草或毒品的使用！很显然，我们人类确实是一种社会动物。因此，让老年人更好地融入社会将是提高预期寿命的一种方式。

永生的基因

那么，就个人而言，我们会活得更久吗？是否存在着一种长寿基因可以拯救我们，甚至，如果我们能控制它，还能够让我们永葆青春？从 1980 年到 2015 年，法国百岁女性的数量从几乎为零上升到了 1.8 万人。在日本，大约有 5 万名百岁老人。世界上有一些国家和地区以百岁老人数量众多而闻名，如撒丁岛、日本、希腊的某座岛屿或哥斯达黎加的某个地区。科学家研究了这些百岁老人体内是否具有特殊的基因特征。结果是，什么都没有！很抱歉，这个结论可能会让你失望：没有特定基因可以让我们成为百岁老人，更不用说青春永驻了。当然，确实存在一些基因，其变异可以影响个体的最大年龄，但是它们的影响非常小。

目前，世界长寿纪录仍然由法国女性让娜·卡尔芒（Jeanne Calment）保持，她活到了 122 岁。未来会有人打破这个纪录吗？122 岁实在是太过高寿，以至于一些研究人员怀疑这位老妇人的女儿冒充了她，但这是一个大胆的猜测，当时留下来的档案并不支持这种说法。

既然长生不死是确定无法实现的，我们也就只好希望尽可能地活得健康长寿。近年来，人口统计学家提出了"健康预期寿命"的概念。目前的数据显示，在发达国家，居民一生中大概有 80% 的时间，身体状态是良好且健康的。以法国为例，女性的预期寿命为 85 岁，她们会健康地活到 64 岁；男性的预期寿命为 80 岁，他们会健康地活到 63 岁。

但是，这些统计数据是非常难以衡量的！到底怎样算健康，是将所有的器官损伤考虑在内，还是只要具有自主行动的能力就行？我们该如何评估疼痛？如果"健康良好"是由个体自我宣称的，我们该如何在国家层面上做比较？比较国家间的情况时，问题在于，是否需要考虑"过去 6 个月中能够开展常规活动"这一限制。与瑞典相比，法国的表现很差，对于同样的出生时预期寿命，瑞典男性和女性以"健康良好"的状态生活的年份平均要比法国人的多 10 年。这里，也是有着很大进步空间的。

以上身高和预期寿命的例子，说明了我们很难预测人类的发展方向。它们只是表明，在过去的几十年，甚至是过去的两个世纪里，欧洲人的生活质量和生活水平有了显著提高。

结论：什么样的人口未来

　　无论好坏，人类已经占据了地球的各个角落。700万年前，当人类远祖的伟大冒险刚刚开始时，在非洲大草原上，游走着几百或几千智人，也许更少。2000年前，全球人口数量达到了1亿。今天，人类总计80亿，已经殖民了地球上几乎所有的生态系统。这种人口爆炸将引领我们前往何方？我们是否正在经历一个新的重大转变？

人口增长的历史

　　正是在人口结构转型的过程中，各国的人口出现了爆炸性增长。这一转型过程包括了从每个女性在婴幼儿高死亡率的情况下平均孕育6个孩子，到在婴幼儿低死亡率的情况下平均孕育2个孩子的转变。这是从高死亡率向低死亡率的转变，同时伴随着儿童数量的急剧减少。在健康状况得到改善的背景下，这种转变通常分两个阶段：随着健康状况的改善，婴儿死亡率首先下降，然后出生人数下降。

这两个阶段之间的时间差对人口的增长至关重要。这一时间差持续得越久，人口增长越迅猛。1800 年，全球有 10 亿人，1950 年 25 亿，1970 年 37 亿，如今则是 80 亿。因此，根据读者的年龄推算，在你出生的时候，全球人口是如今的 1/2 或者 1/3。几乎所有的人口群体都经历过或者正在经历人口结构的转型，但转型的速度因国家而异。

比如，让我们看一看目前英国的情况。1750 年，即发生人口结构转型之前，整个帝国有 750 万人口。在伦敦，儿童在 5 岁前死亡的比例从 1740 年左右的 75% 下降到 1820 年左右的 30%。婴幼儿死亡率的下降导致了人口非常强劲的增长，在 120 年内翻了两番，从 1800 年的约 1 100 万增加到 1920 年的 4 400 万！与此同时，法国的人口增长甚至都没能翻一番：从 1750 年的约 2 500 万到 1920 年的 3 200 万。原因是什么呢？因为在法国，紧随着婴幼儿死亡率的下降，就出现了生育率的下降。

英国和法国之间的这种差异在全球范围内更加明显。在欧洲，人口转型的过程持续了 150 年，而在 20 世纪的其他一些国家，只用了 15~20 年就实现了人口转型。例如伊朗，其生育率从 1976 年的每个女性平均生育 7.2 个孩子下降到 1991—1996年的平均 3.7 个孩子。拉丁美洲的人口结构转型速度比预期的要快，而在一些非洲国家却进展很慢。此外，在非洲大陆，不同国家的转型速度显示出非常高的异质性。

人口结构转型不一定会带来稳定的平衡状态。有一些地区的人口已经渡过了转型期,并且生育率低于每个女性平均生育2个孩子这一"世代更替水平"[1],比如欧洲和亚洲的日本。因此,全球超过一半的人类生活在女性平均生育少于2个孩子的国家。此外,在这些国家中,有一些国家的生育率非常之低,接近每个女性平均生育一个孩子(比如日本、波兰、德国、韩国)。事实上,在目前这个世界,不同地区的人口现实可能是截然不同的。有些国家的人口结构能够形成一个金字塔形状,孩子少且老年人多,而其他一些国家则恰恰相反。

新的人口结构转型

我们能预测人类这一物种的人口学未来吗?世界人口还会继续增加吗?首先应该指出的是,我们不应该忽视预期寿命延长对人口增加的贡献。例如,自第二次世界大战以来,法国的人口增加了2 000万,其中三分之一是由于预期寿命的延长。有了这个前提,我们确实可以部分地设想未来的人口结构,因为将在未来20~30年内孕育孩子的个体此刻大多已经出生。假

---

[1] 假设女性在育龄结束之前没有死亡,且新生女婴和男婴数量相同,则世代更替水平应该是2.0。实际上,由于存在育龄结束前死亡的可能性,而且新生女婴数目一般少于男婴,世代更替水平基本总是高于2.0。发达国家的世代更替水平一般是2.1;发展中国家由于死亡率高和男婴数量畸高,世代更替水平一般介于2.5~3.3。——译注

设所有国家都会经历相同的人口结构转型，大多数人口学家都认为，人类人口将在数量达到高峰之后减少。

我们什么时候才能抵达这个峰值？不同的预测对这一峰值的实现日期和具体数值的推测结果有所不同：有些预测的结论为 2050 年，有些则认为是 2100 年。届时，全球人口的数量将介于 90 亿到 110 亿之间。这种增长的强度取决于婴儿死亡率和生育率的下降，也取决于预期寿命的增加：每个人生活在地球上的时间都延长了。无论如何，人口增长最快的大陆是非洲，中国人口则将被印度人口超越。一个亟待回答的问题是：所有的国家都会经历这种人口结构转型吗？

另外一个问题是：人类与自然的关系会影响这些数字吗？正如我在本书中分析过的，发生在大约 1 万年前的人口增长与新石器时代的过渡期有关，这恰恰对应着人类和自然关系的重大变化。19 世纪欧洲国家的人口结构转型以工业革命为基础，最大限度地利用了我们的生态资源。让我们希望人类当下的人口结构转型也会伴随着新的生态转型。

为了史诗的延续

目前，人类迫切需要寻找到新的生活方式。必须重新审查越来越多的沉疴教条，因为它们会导致我们走入死胡同。请不要忘记，一个生活在欧洲或者俄罗斯、美国的居民所排放的二氧化碳量，相当于生活在非洲或者亚洲某些贫困国家的几百位居民的排放量。我们如何避免资源枯竭，尤其是生物多样性的枯竭？这就是今天的我们所要面临的挑战。

根据农学家的说法，合理且可持续的农业是可能实现的，并能够养活所有人。主要挑战之一是如何平等地获得食物：最新的政府间气候变化专门委员会（IPCC）报告估计，全球大约有 8.2 亿人正在挨饿。而更可悲的事实是，我们知道全球有 30% 的食物被浪费，并且超过 20 亿成年人超重或者患有肥胖症……

人口增长，再加上这些环境压力（会因为全球变暖而变得更加严重），可能会使更多人走上移民的道路。我们又该将这些难民安置在什么地方？每个国家都会根据自己的情况来回答这个问题，但所做的选择必须以人类伟大历史征程中的两个事实作为依据。

一个事实是人类是一个迁徙物种，这个特征也确实字面意义上地"写在"我们的基因之中。在你的 DNA 中书写着，你的祖先之中，有些人短距离迁移，而有些人则跨越了大陆，我们都有移民祖先。如果我们展望未来，当下所有的父母都会有移民的后代！

另一个必须考虑的事实是：最平等的社会也是人类最健康的社会。身高是衡量人口健康状况的最佳指标之一，也与平等的经济指数相关！基于以上两个事实，我们应该以合作和公平为基础来思考我们的未来，同时考虑到社会形式极其丰富的多样性。

让我们希望人类这一物种神话般的史诗能够延续下去。历史上，随着时间的推移，人类通过生物变化或文化发展的方式适应了环境。我们在世界各地迁移和传播，展示了非凡的好奇心和聪明才智，也展现了无与伦比的合作和共同生活的能力。我们只能继续期盼着，人类将继续利用这些优秀品质来迎接新的挑战：在一个我们现在有绝对义务保护的星球上，大家一起分享同样美好的生活。

参考文献

第一部分 最初的脚步

Bokelmann, L. *et al.*, 2019, « A genetic analysis of the Gibraltar Neanderthals», *Proceedings of the National Academy of Sciences*, 116(31), p. 15610-15615.

Chen, F. *et al.*, 2019, « A late Middle Pleistocene Denisovan mandible from the Tibetan Plateau », *Nature*, 569(7756), p. 409-412.

DeCasien, A. R. *et al.*, 2017, « Primate brain size is predicted by diet but not sociality », *Nature Ecology and Evolution*, 1(5), p. 1-7.

Détroit, F. *et al.*, 2019, « A new species of Homo from the Late Pleistocene of the Philippines », *Nature*, 568(7751), p. 181-186.

Dunbar, R., 1998, « The social brain hypothesis », *Evolutionary Anthropology*, p. 178-190.

Green, R. E. *et al.*, 2010, « A draft sequence of the Neandertal genome », *Science*, 328(5979), p. 710-722.

Hershkovitz, I. *et al.*, 2018, « The earliest modern humans outside Africa », *Science*, 359(6374), p. 456-459.

Heyer, E. (éd.), 2015, *Une belle histoire de l'Homme*, Flammarion.

Hublin, J.-J. *et al.*, 2015, « Brain ontogeny and life history in Pleistocene hominins », *Philosophical Transactions of the Royal Society B : Biological*

Sciences, 370(1663).

Hublin, J. J., 2009, « Out of Africa : modern human origins special feature: the origin of Neandertals », *Proceedings of the National Academy of Sciences*, 106(38), p. 16022-16027.

Hublin, J.-J., 2017, « The last Neanderthal », *Proceedings of the National Academy of Sciences*, 114(40), p. 10520-10522.

Hublin, J.-J. *et al.*, 2017, « New fossils from Jebel Irhoud, Morocco and the pan-African origin of Homo sapiens », *Nature*, 546(7657), p. 289-292.

Jónsson, H. *et al.*, 2017, « Parental influence on human germline de novo mutations in 1,548 trios from Iceland », *Nature*, 549(7673), p. 519-522.

Kaplan, H. *et al.*, 2000, « A theory of human life history evolution : Diet, intelligence, and longevity », *Evolutionary Anthropology*, 9(4), p. 156-185.

Llamas, B. *et al.*, 2017, « Human evolution : A tale from ancient genomes », *Philosophical Transactions of the Royal Society B : Biological Sciences*, 372(1713).

Meyer, M. *et al.*, 2016, « Nuclear DNA sequences from the Middle Pleistocene Sima de los Huesos hominins », *Nature*, 531(7595), p. 504-507.

Mikkelsen, T. S. *et al.*, 2005, « Initial sequence of the chimpanzee genome and comparison with the human genome », *Nature*, 437(7055), p. 69-87.

Pavard, S. et Coste, C., 2019, « Evolution of the human lifecycle », in *Encyclopedia of Biomedical Gerontology*, Academic Press.

Prado-Martinez, J. *et al.*, 2013, « Great ape genetic diversity and population history », *Nature*, 499(7459), p. 471-475.

Prat, S., 2018, « First hominin settlements out of Africa. Tempo and dispersal mode : Review and perspectives », *Comptes Rendus – Palevol*, 17(1-2), p. 6-16.

Prüfer, K. *et al.*, 2012, « The bonobo genome compared with the chimpanzee and human genomes », *Nature*, 486, p. 527-531.

Reich, D. *et al.*, 2010, « Genetic history of an archaic hominin group from Denisova Cave in Siberia », *Nature*, 468(7327), p. 1053-1060.

Sánchez-Quinto, F. et Lalueza-Fox, C., 2015, « Almost 20 years of Neanderthal palaeogenetics : Adaptation, admixture, diversity, demography and extinction », *Philosophical Transactions of the Royal Society B : Biological Sciences*, 370(1660).

Scally, A. et Durbin, R., 2012, « Revising the human mutation rate : implications for understanding human evolution », *Nature Reviews Genetics*, 13(10), p. 745-753.

Scerri, E. M. L. *et al.*, 2018, « Did our species evolve in subdivided populations across Africa, and why does it matter ? », *Trends in Ecology & Evolution*, 33(8), p. 582-594.

Schlebusch, C. M. *et al.*, 2017, « Southern African ancient genomes estimate modern human divergence to 350,000 to 260,000 years ago », *Science*, 358(6363), p. 652-655.

Ségurel, L. *et al.*, 2014, « Determinants of mutation rate variation in the human germline », *Annual Review of Genomics and Human Genetics*, 15(1), p. 47-70.

Slatkin, M. et Racimo, F., 2016, « Ancient DNA and human history », *Proceedings of the National Academy of Sciences*, 113(23), p. 6380-6387.

Slon, V. *et al.*, 2018, « The genome of the offspring of a Neanderthal mother and a Denisovan father », *Nature*, 561(7721), p. 113-116.

Verendeev, A. et Sherwood, C. C., 2017, « Human brain evolution », *Current Opinion in Behavioral Sciences*, 16, p. 41-45.

Wolf, A. B. et Akey, J. M., 2018, « Outstanding questions in the study of archaic hominin admixture », *PLoS Genetics*, 14(5), p. 1-14.

第二部分　征服的精神

Atkinson, E. G. *et al.*, 2018, « No evidence for recent selection at FOXP2 among diverse human populations », *Cell*, 174(6), p. 1424-1435.

Beleza, S. *et al.*, 2013, « The timing of pigmentation lightening in Europeans », *Molecular Biology and Evolution*, 30(1), p. 24-35.

Bird, M. I. *et al.*, 2019, « Early human settlement of Sahul was not an accident », *Scientific Reports*, 9(1), p. 1-10.

Canfield, V. A. *et al.*, 2013, « Molecular phylogeography of a human autosomal skin color locus under natural selection », *G3 (Bethesda)*, 3(11), p. 2059-2067.

Cerqueira, C. C. S. *et al.*, 2012, « Predicting *homo* pigmentation phenotype through genomic data : From neanderthal to James Watson », *American Journal of Human Biology*, 24(5), p. 705-709.

Chaix, R. *et al.*, 2008, « Genetic traces of east-to-west human expansion waves in Eurasia », *American Journal of Physical Anthropology*, 136(3).

Colonna, V. *et al.*, 2011, « A world in a grain of sand: Human history from genetic data », *Genome Biology*, 12(11).

Crawford, N. G. *et al.*, 2017, « Loci associated with skin pigmentation identified in African populations », *Science*, 358(6365).

Dannemann, M. et Kelso, J., 2017, « The contribution of Neanderthals to phenotypic variation in modern humans », *American Journal of Human Genetics*, 101(4), p. 578-589.

Deng, L. et Xu, S., 2018, « Adaptation of human skin color in various populations », *Hereditas*, 155(1).

Donnelly, M. P. *et al.*, 2012, « A global view of the OCA2-HERC2 region and pigmentation », *Human Genetics*, 131(5), p. 683-696.

Fan, S. *et al.*, 2016, « Review of recent human adaptation », *Science*, 354(6308), p. 54-59.

Fu, Q. *et al.*, 2014, « Genome sequence of a 45,000-year-old modern human from western Siberia », *Nature*, 514(7253), p. 445-449.

Fu, Q. *et al.*, 2016, « The genetic history of Ice Age Europe », *Nature*, 534(7606), p. 200-205.

Fumagalli, M. *et al.*, 2015, « Greenlandic Inuit show genetic signatures of diet and climate adaptation », 349(6254), p. 1343-1347.

Günther, T. et Jakobsson, M., 2016, « Genes mirror migrations and cultures in prehistoric Europe — a population genomic perspective », *Current Opinion in Genetics and Development*, 41, p. 115-123.

Günther, T. *et al.*, 2018, « Population genomics of Mesolithic Scandinavia:

Investigating early postglacial migration routes and high-latitude adaptation », *PLoS Biology*, 16(1), p. 1-22.

Hay, S. I. *et al.*, 2004, « The global distribution and population at risk of malaria : past, present, and future », *The Lancet. Infectious Diseases*, 4(6), p. 327-336.

Hellenthal, G. *et al.*, 2014, « A genetic atlas of human admixture history », *Science*, 343(6172), p. 747-751.

Hlusko, L. J. *et al.*, 2018, « Environmental selection during the last ice age on the mother-to-infant transmission of vitamin D and fatty acids through breast milk », *Proceedings of the National Academy of Sciences*, 115(19).

Hublin, J. J., 2015, « The modern human colonization of western Eurasia : When and where ? », *Quaternary Science Reviews*, 118, p. 194-210.

Huerta-Sánchez, E. *et al.*, 2014, « Altitude adaptation in Tibetans caused by introgression of Denisovan-like DNA », *Nature*, 512(7513), p. 194-197.

Ilardo, M. A. *et al.*, 2018, « Physiological and Genetic Adaptations to Diving in Sea Nomads », *Cell*, 173(3), p. 569-580.

Ingicco, T. *et al.*, 2018, « Earliest known hominin activity in the Philippines by 709 thousand years ago », *Nature*, 557(7704), p. 233-237.

Jablonski, N. G., 2004, « The evolution of human skin and skin color », *Annual Review of Anthropology*, 33(1), p. 585-623.

Jablonski, N. G. et Chaplin, G., 2017, « The colours of humanity : The evolution of pigmentation in the human lineage », *Philosophical Transactions of the Royal Society B : Biological Sciences*, 372(1724).

Jones, E. R. *et al.*, 2015, « Upper Palaeolithic genomes reveal deep roots of modern Eurasians », *Nature Communications*, 6, p. 1-8.

Kamberov, Y. G. *et al.*, 2013, « Modeling recent human evolution in mice by expression of a selected EDAR variant », *Cell*, 152(4), p. 691-702.

Karlsson, E. K. *et al.*, 2014, « Natural selection and infectious disease in human populations », *Nature Publishing Group*, 15(6), p. 379-393.

Kubo, D. *et al.*, 2013, « Brain size of Homo floresiensis and its evolutionary implications », *Proceedings of the Royal Society B : Biological Sciences*, 280(1760).

Lachance, J. *et al.*, 2012, « Evolutionary history and adaptation from high-coverage whole-genome sequences of diverse African hunter-gatherers », *Cell*, 150(3), p. 457-469.

Lalueza-Fox, C. *et al.*, 2007, « A melanocortin 1 receptor allele suggests varying pigmentation among Neanderthals », *Science*, 318(5855), p. 1453-1455.

Lazaridis, I., 2018, « The evolutionary history of human populations in Europe », *Current Opinion in Genetics and Development*, 53, p. 21-27.

Lazaridis, I. *et al.*, 2014, « Ancient human genomes suggest three ancestral populations for present-day Europeans », *Nature*, 513(7518), p. 409-413.

Llamas, B. *et al.*, 2017, « Human evolution : A tale from ancient genomes », *Philosophical Transactions of the Royal Society B : Biological Sciences*, 372(1713).

Lopez, M. *et al.*, 2019, « Genomic evidence for local adaptation of hunter-gatherers to the African rainforest », *Current Biology*, 29(17), p. 2926-2935.

Malaspinas, A. S. *et al.*, 2016, « A genomic history of Aboriginal Australia », *Nature*, 538(7624), p. 207-214.

Marciniak, S. et Perry, G. H., 2017, « Harnessing ancient genomes to study the history of human adaptation », *Nature Reviews Genetics*, 18(11), p. 659-674.

Martin, A. R. *et al.*, 2017, « An unexpectedly complex architecture for skin pigmentation in Africans », *Cell*, 171(6), p. 1340-1353.

Martinez-Cruz, B. *et al.*, 2011, « In the heartland of Eurasia : the multilocus genetic landscape of Central Asian populations », *European Journal of Human Genetics*, 19(2), p. 216.

Mathieson, I. *et al.*, 2015, « Genome-wide patterns of selection in 230 ancient Eurasians », *Nature*, 528(7583).

McColl, H. *et al.*, 2018, « The prehistoric peopling of Southeast Asia », *Science*, 361(6397).

Moore, L. G. *et al.*, 2001, « Tibetan protection from intrauterine growth restriction (IUGR) and reproductive loss at high altitude », *American Journal of Human Biology*, 13(5), p. 635-644.

Nakagome, S. *et al.*, 2015, « Estimating the ages of selection signals from different epochs in human history », *Molecular Biology and Evolution*, 33(3), p. 657-669.

Nielsen, R. *et al.*, 2017, « Tracing the peopling of the world through genomics », *Nature*, 541(7637), p. 302-310.

Norton, H. L. *et al.*, 2007, « Genetic evidence for the convergent evolution of light skin in Europeans and East Asians », *Molecular Biology and Evolution*, 24(3), p. 710-722.

O'Connell, J. F. *et al.*, 2018, « When did Homo sapiens first reach Southeast Asia and Sahul ? », *Proceedings of the National Academy of Sciences*, 115(34), p. 8482-8490.

Olalde, I. *et al.*, 2014, « Derived immune and ancestral pigmentation alleles in a 7,000-year-old Mesolithic European », *Nature*, 507(7491), p. 225-228.

Pagani, L. *et al.*, 2016, « Genomic analyses inform on migration events during the peopling of Eurasia », *Nature*, 538(7624), p. 238-242.

Palstra, F. P. *et al.*, 2015, « Statistical inference on genetic data reveals the complex demographic history of human populations in Central Asia », *Molecular Biology and Evolution*, 32(6), p. 1411-1424.

Patin, E. *et al.*, 2009, « Inferring the demographic history of African farmers and Pygmy hunter-gatherers using a multilocus resequencing data set », *PLoS Genetics*, 5(4).

Patin, E. *et al.*, 2017, « Dispersals and genetic adaptation of Bantu-speaking populations in Africa and North America », *Science*, 356(6337), p. 543-546.

Pemberton, T. J. *et al.*, 2018, « A genome scan for genes underlying adult body size differences between Central African hunter-gatherers and farmers », *Human Genetics*, 137(6–7), p. 487-509.

Piel, F. B. *et al.*, 2010, « Global distribution of the sickle cell gene and geographical confirmation of the malaria hypothesis », *Nature Communications*, 1(8).

Posth, C. *et al.*, 2016, « Pleistocene mitochondrial genomes suggest a single major dispersal of non-Africans and a late glacial population turnover in Europe », *Current Biology*, 26(4), p. 557-561.

Quach, H. *et al.*, 2016, « Genetic adaptation and Neandertal admixture shaped the immune system of human populations », *Cell*, 167(3), p. 643-656.

Quillen, E. E. *et al.*, 2019, « Shades of complexity : New perspectives on the evolution and genetic architecture of human skin », *American Journal of Physical Anthropology*, 168, p. 4-26.

Raghavan, M. *et al.*, 2015, « POPULATION GENETICS. Genomic evidence for the Pleistocene and recent population history of Native Americans », *Science*, 349(6250).

Rasmussen, M. *et al.*, 2011, « An aboriginal Australian genome reveals separate human dispersals into Asia », *Science*, 334(6052), p. 94-98.

Rogers, A. R. *et al.*, 2004, « Genetic variation at the MC1R Locus and the time since loss of human body hair », *Current Anthropology*, 45(1), p. 105-108.

Roullier, C. *et al.*, 2013, « Historical collections reveal patterns of diffusion of sweet potato in Oceania obscured by modern plant movements and recombination », *Proceedings of the National Academy of Sciences,* 110(6), p. 2205-2210.

Schlebusch, C. M. *et al.*, 2012, « Genomic variation in seven Khoe-San groups reveals adaptation and complex African history », *Science*, 374(2012), p. 1-10.

Schlebusch, C. M. *et al.*, 2015, « Human adaptation to arsenic-rich environments », *Molecular Biology and Evolution*, 32(6), p. 1544-1555.

Schlebusch, C. M. *et al.*, 2018, « Tales of human migration, admixture, and selection in Africa », *Annual Review of Genomics and Human Genetics*, 19(1), p. 405-428.

Schlebusch, C. M. *et al.*, 2017, « Southern African ancient genomes estimate modern human divergence to 350,000 to 260,000 years ago », *Science*, 358(6363), p. 652-655.

Sikora, M. *et al.*, 2017, « Ancient genomes show social and reproductive behavior of early Upper Paleolithic foragers », 358(6363), p. 659-662.

Skoglund, P. et Mathieson, I., 2018, « Ancient human genomics : The first decade », *Annual Review of Genomics and Human Genetics*, 19(1), p. 381-404.

Skoglund, P. *et al.*, 2017, « Reconstructing prehistoric African population structure », *Cell*, 171(1), p. 59-71.

Slatkin, M. et Racimo, F., 2016, « Ancient DNA and human history », *Proceedings of the National Academy of Sciences*, 113(23), p. 6380-6387.

Smith, J. *et al.*, 2018, « Estimating time to the common ancestor for a beneficial allele », *Molecular Biology and Evolution*, 35(4), p. 1003-1017.

Tucci, S. *et al.*, 2018, « Evolutionary history and adaptation of a human pygmy population of Flores Island, Indonesia », *Science*, 361(6401), p. 511-516.

Veeramah, K. R. et Hammer, M. F., 2014, « The impact of whole-genome sequencing on the reconstruction of human population history », *Nature Reviews Genetics*, 15(3), p. 149-162.

Verdu, P., 2016, « African Pygmies », *Current Biology*, 26(1), p. R12-R14.

Verdu, P. *et al.*, 2009, « Origins and genetic diversity of pygmy hunter-gatherers from Western Central Africa », *Current Biology*, 19(4), p. 312-318.

Verdu, P. *et al.*, 2010, « Limited dispersal in mobile huntergatherer Baka Pygmies », *Biology Letters*, 6(6), p. 858–861.

Walsh, S. *et al.*, 2017, « Global skin colour prediction from DNA », *Human Genetics*, 136(7), p. 847-863.

Wilde, S. *et al.*, 2014, « Direct evidence for positive selection of skin, hair, and eye pigmentation in Europeans during the last 5,000 y », *Proceedings of the National Academy of Sciences*, 111(13), p. 4832-4837.

Wong, E. H. M. *et al.*, 2017, « Reconstructing genetic history of Siberian and Northeastern European populations », *Genome Research*, 27(1), p. 1-14.

Yang, M. A. et Fu, Q., 2018, « Insights into modern human prehistory using ancient genomes », *Trends in Genetics*, 34(3), p. 184-196.

Yang, M. A. *et al.*, 2017, « 40,000-year-old individual from Asia provides insight into early population structure in Eurasia », *Current Biology*, 27(20), p. 3202-3208.

Yang, Z. *et al.*, 2016, « A genetic mechanism for convergent skin lightening during recent human evolution », *Molecular Biology and Evolution*, 33(5), p. 1177-1187.

第三部分　人类征服自然

Aimé, C. *et al.*, 2013, « Human genetic data reveal contrasting demographic patterns between sedentary and nomadic populations that predate the emergence of farming », *Molecular Biology and Evolution*, 30(12), p. 2629-2644.

Aimé, C. *et al.*, 2014, « Microsatellite data show recent demographic expansions in sedentary but not in nomadic human populations in Africa and Eurasia », *European Journal of Human Genetics*, 22(10), p. 1201.

Allentoft, M. E. *et al.*, 2015, « Population genomics of Bronze Age Eurasia », *Nature*, 522(7555), p. 167-172.

Bahuchet, S., 1991, « Spatial mobility and access to resources among the African Pygmies », in M. J. Casimir, A. Rao, *Mobility and Territoriality: Social and Spatial Boundaries among Foragers, Fishers, Pastoralists and Peripatetics*, Berg, p. 205-255.

Batini, C. *et al.*, 2015, « Large-scale recent expansion of European patrilineages shown by population resequencing », *Nature Communications*, 6.

Becker, N. S. A. *et al.*, 2012, « Short stature in African Pygmies is not explained by sexual selection », *Evolution and Human Behavior*, 33(6), p. 615-622.

Becker, N. S. A. *et al.*, 2011, « Indirect evidence for the genetic determination of short stature in African Pygmies », *American Journal of Physical Anthropology*, 145(3), p. 390-401.

Becker, N. S. A. *et al.*, 2013, « The role of GHR and IGF1 genes in the genetic determination of African Pygmies' short stature », *European*

Journal of Human Genetics, 21(6), p. 653.

Brites, D., 2015, « Co-evolution of Mycobacterium tuberculosis and Homo sapiens », *Immunological reviews*, 264(1), p. 6-24.

Broushaki, F. *et al.*, 2016, « Early Neolithic genomes from the eastern Fertile Crescent », *Science*, 7943, p. 1-16.

Chiang, C. W. K. *et al.*, 2018, « Genomic history of the Sardinian population », *Nature Genetics*, 50(10).

De Barros Damgaard, P. *et al.*, 2018, « 137 ancient human genomes from across the Eurasian steppes », *Nature*, 557(7705).

De Barros Damgaard, P. *et al.*, 2018, « The first horse herders and the impact of early Bronze Age steppe expansions into Asia », *Science*, 360(6396).

Ermini, L. *et al.*, 2008, « Report complete mitochondrial genome sequence of the Tyrolean iceman », *Current Biology*, 18(21), p. 1687-1693.

Evershed, R. P. *et al.*, 2008, « Earliest date for milk use in the Near East and southeastern Europe linked to cattle herding », *Nature*, 455, p. 31-34.

Fan, S. *et al.*, 2016, « Going global by adapting local : Review of recent human adaptation », *Science*, 354(6308), p. 54-59.

Feldman, M. *et al.*, 2019, « Late Pleistocene human genome suggests a local origin for the first farmers of central Anatolia », *Nature Communications*, 10(1).

Furholt, M., 2018, « Massive migrations ? The impact of recent aDNA studies on our view of third millennium Europe », *European Journal of Archaeology*, 21(2), p. 159-191.

Gallego-Llorente, M. *et al.*, 2016, « The genetics of an early Neolithic pastoralist from the Zagros, Iran », *Scientific Reports*, 6(31326), p. 4-10.

Gaunitz, C. *et al.*, 2018, « Ancient genomes revisit the ancestry of domestic and Przewalski's horses », *Science*, 360(6384), p. 111-114.

Goldberg, A. *et al.*, 2017, « Ancient X chromosomes reveal contrasting sex bias in Neolithic and Bronze Age Eurasian migrations », *Proceedings of the National Academy of Sciences*, 114(10), p. 2657-2662.

González-Fortes, G. *et al.*, 2017, « Paleogenomic evidence for multigenerational mixing between Neolithic farmers and Mesolithic hunter-gatherers in the lower Danube basin », *Current Biology*, 27(12), p. 1801-1810.

Gross, B. L. et Olsen, K. M., 2010, « Genetic perspectives on crop domestication », *Trends in Plant Science*, 15(9), p. 529-537.

Günther, T. et Jakobsson, M., 2016, « Genes mirror migrations and cultures in prehistoric Europe – a population genomic perspective », *Current Opinion in Genetics and Development*, 41, p. 115-123.

Günther, T. *et al.*, 2015, « Ancient genomes link early farmers from Atapuerca in Spain to modern-day Basques », *Proceedings of the National Academy of Sciences*, 112(38).

Haak, W. *et al.*, 2015, « Massive migration from the steppe was a source for Indo-European languages in Europe », *Nature*, 522(7555), p. 207-211.

Harper, K. N. et Armelagos, G. J., 2013, « Genomics, the origins of agriculture, and our changing microbe-scape : Time to revisit some old tales and tell some new ones », *American Journal of Physical Anthropology*, 152, p. 135-152.

Hershkovitz, I. *et al.*, 2008, « Detection and molecular characterization of 9000-year-old mycobacterium tuberculosis from a Neolithic settlement in the Eastern Mediterranean », *PLoS One*, 3(10), p. 1-6.

Heyer, E. *et al.*, 2011, « Lactase persistence in central Asia : phenotype, genotype, and evolution », *Human Biology*, 83(3), p. 379-392.

Jeong, C. *et al.*, 2018, « Bronze Age population dynamics and the rise of dairy pastoralism on the eastern Eurasian steppe », *Proceedings of the National Academy of Sciences*, 115(48).

Karmin, M. *et al.*, 2015, « A recent bottleneck of Y chromosome diversity coincides with a global change in culture », *Genome Research*, 25(4), p. 459-466.

Keller, A. *et al.*, 2012, « New insights into the Tyrolean Iceman's origin and phenotype as inferred by wholegenome sequencing », *Nature Communications*, 28.

Kılınç, G. M. *et al.*, 2016, « The demographic development of the first farmers in Anatolia », *Current Biology*, 26(19), p. 2659-2666.

Kluyver, T. A. *et al.*, 2017, « Unconscious selection drove seed enlargement in vegetable crops », *Evolution Letters*, 1(2), p. 64-72.

Krzewińska, M. *et al.*, 2018, « Ancient genomes suggest the eastern Pontic-Caspian steppe as the source of western Iron Age nomads », *Science Advances*, 4(10).

Laval, G. *et al.*, 2019, « Recent adaptive acquisition by African rainforest hunter-gatherers of the late Pleistocene sickle-cell mutation suggests past differences in Malaria exposure », *American Journal of Human Genetics*, 104(3), p. 553-561.

Lazaridis, I. *et al.*, 2016, « Genomic insights into the origin of farming in the ancient Near East », *Nature*, 536(7617), p. 419-424.

Lin, T. *et al.*, 2014, « Genomic analyses provide insights into the history of tomato breeding », *Nature Publishing Group*, 46(11), p. 1220-1226.

Lipson, M. *et al.*, 2017, « Parallel palaeogenomic transects reveal complex genetic history of early European farmers », *Nature*, 551(7680), p. 368-372.

Lopez, M. *et al.*, 2018, « The demographic history and mutational load of African hunter-gatherers and farmers », *Nature Ecology and Evolution*, 2(4), p. 721-730.

Mathieson, I. *et al.*, 2018, « The genomic history of southeastern Europe », *Nature*, 555(7695), p. 197-203.

Mathieson, S. et Mathieson, I., 2018, « FADS1 and the timing of human adaptation to agriculture », *Molecular Biology and Evolution*, 35(12), p. 2957-2970.

Mélanie, S. *et al.*, 2012, « Earliest evidence for cheese making in the sixth millennium », *Nature*, 493, p. 522-525.

Meller, H. *et al.*, 2014, « 2200 BC – Ein Klimasturz als Ursache für den Zerfall der Alten Welt ? 2200 BC – A climatic breakdown as a cause for the collapse of the old world ? », 7th Archaeological Conference of

Central Germany, October 23-26, 2014 in Halle (Saale).

Narasimhan, A. V. M. *et al.*, 2018, « The genomic formation of south and central Asia », *Science*, 365(6457).

Novembre, J. *et al.*, 2009, « Genes mirror geography within Europe », *Nature*, 456(7218), p. 98-101.

Okazaki, K. *et al.*, 2019, « A paleopathological approach to early human adaptation for wet-rice agriculture : The first case of Neolithic spinal tuberculosis at the Yangtze River Delta of China », *International Journal of Paleopathology*, 24, p. 236-244.

Olalde, I. *et al.*, 2018, « The Beaker phenomenon and the genomic transformation of northwest Europe », *Nature*, 555(7695), p. 190-196.

Olalde, I. *et al.*, 2019, « The genomic history of the Iberian Peninsula over the past 8000 years », *Science*, 363(6432).

Outram, A. K. *et al.*, 2009, « The earliest horse harnessing and milking », *Science*, 323(5919), p. 1332-1335.

Patin, E. *et al.*, 2014, « The impact of agricultural emergence on the genetic history of African rainforest hunter-gatherers and agriculturalists », *Nature Communications*, 5.

Patin, E. *et al.*, 2017, « Dispersals and genetic adaptation of Bantu-speaking populations in Africa and North America », *Science*, 356(6337), p. 543-546.

Pearce-Duvet, J. M. C., 2006, « The origin of human pathogens : evaluating the role of agriculture and domestic animals in the evolution of human disease », *Biological Reviews of the Cambridge Philosophical Society*, 81(3), p. 369-382.

Pemberton, T. J. *et al.*, 2018, « A genome scan for genes underlying adult body size differences between Central African hunter-gatherers and farmers », *Human Genetics*, 137(6–7), p. 487-509.

Ramirez-Rozzi, F. V., 2018, « Reproduction in the Baka pygmies and drop in their fertility with the arrival of alcohol », *Proceedings of the National Academy of Sciences*, 115(27).

Rozzi, F. V. *et al.*, 2015, « Growth pattern from birth to adulthood in African pygmies of known age », *Nature Communications*, 6.

Saag, L. *et al.*, 2017, « Extensive farming in Estonia started through a sex-biased migration from the steppe », *Current Biology*, 27(14), p. 2185-2193.

Ségurel, L. *et al.*, 2013, « Positive selection of protective variants for type 2 diabetes from the Neolithic onward : a case study in Central Asia », *European Journal of Human Genetics*, 21(10), p. 1146-1151.

Ségurel, L. et Bon, C., 2017, « On the evolution of lactase persistence in humans », *Annual Review of Genomics and Human Genetics*, 18(1), p. 297-319.

Shennan, S. *et al.*, 2013, « Regional population collapse followed initial agriculture booms in mid-Holocene Europe », *Nature Communications*, 4.

Shriner, D. et Rotimi, C. N., 2018, « Whole-genomesequence-based haplotypes reveal single origin of the sickle allele during the Holocene wet phase », *American Journal of Human Genetics*, 102(4), p. 547-556.

Skoglund, P. *et al.*, 2012, « Origins and genetic legacy of Neolithic farmers and hunter-gatherers in Europe », *Science*, 336(6080), p. 466-469.

Skoglund, P. *et al.*, 2016, « Genomic insights into the peopling of the Southwest Pacific », *Nature*, 538(7626).

Unterländer, M. *et al.*, 2017, « Ancestry and demography and descendants of Iron Age nomads of the Eurasian Steppe », *Nature Communications*, 8.

Valdiosera, C. *et al.*, 2018, « Four millennia of Iberian biomolecular prehistory illustrate the impact of prehistoric migrations at the far end of Eurasia », *Proceedings of the National Academy of Sciences*, 115(13).

Verdu, P. *et al.*, 2009, « Origins and genetic diversity of Pygmy hunter-gatherers from Western Central Africa », *Current Biology*, 19(4).

Verdu, P. *et al.*, 2013, « Sociocultural behavior, sex-biased admixture, and effective population sizes in Central African Pygmies and non-Pygmies », *Molecular Biology and Evolution*, 30(4), p. 918-937.

第四部分　统治的时代

Arias, L. *et al.*, 2018, « Cultural innovations influence patterns of genetic diversity in Northwestern Amazonia », *Molecular Biology and Evolution*, 35(11), p. 2719-2735.

Baker, J. L. *et al.*, 2017, « Human ancestry correlates with language and reveals that race is not an objective genomic classifier », *Scientific Reports*, 7(1).

Balaresque, P. *et al.*, 2015, « Y-chromosome descent clusters and male differential reproductive success : young lineage expansions dominate Asian pastoral nomadic populations », *European Journal of Human Genetics*, 23(10), p. 1413.

Banda, Y. *et al.*, 2015, « Characterizing race/ethnicity and genetic ancestry for 100,000 subjects in the genetic epidemiology research on adult health and aging (GERA) cohort », *Genetics*, 200(4), p. 1285-1295.

Behar, D. M. *et al.*, 2010, « The genome-wide structure of the Jewish people », *Nature*, 466(7303), p. 238-242.

Blum, M. G. B. *et al.*, 2006, « Matrilineal fertility inheritance detected in hunter-gatherer populations using the imbalance of gene genealogies », *PLoS Genetics*, 2(8).

Bouchard, G. et De Braekeleer, M., 1991, « Histoire d'un génome : population et génétique dans l'est du Québec », *Annales de démographie historique*, p. 350-353.

Brunet, G. *et al.*, 2009, « Trente ans d'étude de la maladie de Rendu-Osler en France : démographie historique, génétique des populations et biologie moléculaire », *Population*, 64(2), p. 305.

Bryc, K. *et al.*, 2015, « The genetic ancestry of African Americans, Latinos, and European Americans across the United States », *American Journal of Human Genetics*, 96(1), p. 37-53.

Campbell, M. C. *et al.*, 2015, « The peopling of the African continent and the diaspora into the new world », *Current Opinion in Genetics and*

Development, 29, p. 120-132.

Cavalli-Sforza, L., 1996, *Gènes, peuples et langues*, Paris, Odile Jacob.

Chaix, R. *et al.*, 2004, « The genetic or mythical ancestry of descent groups: Lessons from the Y chromosome », *American Journal of Human Genetics*, 75(6).

Chaix, R. *et al.*, 2007, « From social to genetic structures in central Asia », *Current Biology*, 17(1), p. 43-48.

Charbonneau, H. *et al.*, 1987, « Naissance d'une population : les Français établis au Canada au XVIIᵉ siècle », *Annales de géographie*, 547, p. 370-371.

Crawford, M. H., 1983, « The anthropological genetics of the Black Caribs "Garifuna" of Central America and the Caribbean », *American Journal of Physical Anthropology*, 26(1 S), p. 161-192.

Ebenesersdóttir, S. S. *et al.*, 2018, « Ancient genomes from Iceland reveal the making of a human population », *Science*, 360(6392), p. 1028-1032.

Fortes-Lima, C. *et al.*, 2018, « Exploring Cuba's population structure and demographic history using genome-wide data », *Scientific Reports*, 8(1).

Fortes-Lima, C. *et al.*, 2017, « Genome-wide ancestry and demographic history of African-descendant Maroon communities from French Guiana and Suriname », *American Journal of Human Genetics*, 101(5), p. 725-736.

Gudbjartsson, D. F. *et al.*, 2015, « Large-scale whole-genome sequencing of the Icelandic population », *Nature Genetics*, 47(5), p. 435-444.

Guedes, L. *et al.*, 2018, « First Paleogenetic evidence of probable syphilis and treponematoses cases in the Brazilian colonial period », *BioMed Research International*, 2018.

Haak, W. *et al.*, 2015, « Massive migration from the steppe was a source for Indo-European languages in Europe », *Nature*, 522(7555), p. 207-211.

Han, E. *et al.*, 2017, « Clustering of 770,000 genomes reveals post-colonial population structure of North America », *Nature Communications*, 8.

Heyer, E., 1993, « Population structure and immigration ; a study of the

Valserine Valley (French Jura) from the 17th century until the present », *Annals of Human Biology*, 20(6).

Heyer, E. *et al.*, 2012, « Sex-specific demographic behaviours that shape human genomic variation », *Molecular Ecology*, 21(3).

Heyer, E. *et al.*, 2005, « Cultural transmission of fitness : Genes take the fast lane », *Trends in Genetics*, 21(4).

Heyer, E. *et al.*, 2015, « Patrilineal populations show more male transmission of reproductive success than cognatic populations in Central Asia, which reduces their genetic diversity », *American Journal of Physical Anthropology*, 157(4), p. 537-543.

Heyer, E. et Brunet, G., 2007, « Généalogie et structure génétique de la population », in A. Bideau et G. Brunet (dir.), *Essai de démographie historique et de génétique des populations – Une population du Jura méridional du XVIIe siècle à nos jours*, Paris, INED, Études et enquêtes historiques, p. 159-172.

Heyer, E. *et al.*, 2017, « Anthropological genetics in Central Asia on the peopling of the region and the interplay between cultural traits and genetic diversity », in S. Roche (dir.), *The Family in Central Asia*, Heidelberg, Éditions Klaus Schwarz, p. 222-242.

Heyer, E. et Mennecier, P., 2009, « Genetic and linguistic diversity in Central Asia », in *Becoming Eloquent : Advances in the Emergence of Language, Human Cognition, and Modern Cultures*, John Benjamins Publishing, p. 163-180.

Heyer, E. et Tremblay, M., 1995, « Variability of the genetic contribution of Quebec population founders associated to some deleterious genes », *American Journal of Human Genetics*, 56(4), p. 970-978.

Heyer, E. *et al.*, 1997, « Seventeenth-century European origins of hereditary diseases in the Saguenay population (Quebec, Canada) », *Human Biology*, 69(2), p. 209-225.

Homburger, J. R. *et al.*, 2015, « Genomic insights into the ancestry and demographic history of South America », *PLoS Genetics*, 11(12).

Jeong, C. *et al.*, 2019, « The genetic history of admixture across inner Eurasia »,

Nature Ecology & Evolution, 3(6).

Karmin, M. *et al.*, 2015, « A recent bottleneck of Y chromosome diversity coincides with a global change in culture », *Genome Research*, 25(4), p. 459-466.

Kopelman, N. *et al.*, 2020, « High-resolution inference of genetic relationships among Jewish populations », *European Journal of Human Genetics*.

Landry, Y., 1992, *Les Filles du roi au XVIIᵉ siècle : orphelines en France, pionnières au Canada ; suivi d'un Répertoire biographique des Filles du roi*, Montréal, Éditions Leméac.

Landry, Y., 2001, « L'émigration française au Canada avant 1760 : premiers résultats d'une microanalyse », in A. Courtemanche et M. Pâquet (dir.), *Prendre la route : l'expérience migratoire en Europe et en Amérique du Nord du XIVᵉ au XXᵉ siècle*, Hull, Éditions Vents d'ouest, 2001.

Lesca, G. *et al.*, 2008, « Hereditary hemorrhagic telangiectasia : Evidence for regional founder effects of ACVRL1 mutations in French and Italian patients », *European Journal of Human Genetics*, 16(6), p. 742-749.

Leslie, S. *et al.*, 2015, « The fine-scale genetic structure of the British population », *Nature*, 519(7543), p. 309-314.

Manni, F. *et al.*, 2008, « Do surname differences mirror dialect variation ? », *Human Biology*, 80(1), p. 41-64.

Marcheco-Teruel, B. *et al.*, 2014, « Cuba : exploring the history of admixture and the genetic basis of pigmentation using autosomal and uniparental markers », *PLoS Genetics*, 10(7).

Marchi, N. *et al.*, 2017, « Sex-specific genetic diversity is shaped by cultural factors in Inner Asian human populations », *American Journal of Physical Anthropology*, 162(4), p. 627-640.

Mathias, R. A. *et al.*, 2016, « A continuum of admixture in the Western Hemisphere revealed by the African Diaspora genome », *Nature Communications*, 7.

Montinaro, F. *et al.*, 2015, « Unravelling the hidden ancestry of American admixed populations », *Nature Communications*, 6(6596).

Moreau, C. *et al.*, 2011, « Deep human genealogies reveal a selective advantage to be on an expanding wave front », *Science*, 334(6059), p. 1148-1150.

Moreno-Estrada, A. *et al.*, 2013, « Reconstructing the population genetic history of the Caribbean », *PLoS Genetics*, 9(11).

Patin, E. *et al.*, 2017, « Dispersals and genetic adaptation of Bantu-speaking populations in Africa and North America », *Science*, 356(6337), p. 543-546.

Raghavan, M. *et al.*, 2015, « Genomic evidence for the Pleistocene and recent population history of Native Americans », *Science*, 349(6250).

Reich, D. *et al.*, 2012, « Reconstructing Native American population history », *Nature*, 488(7411), p. 370-374.

Rosser, H. *et al.*, 2000, « Y-chromosomal diversity in Europe is clinal and influenced primarily by geography, rather than by language », *American Journal of Human Genetics*, 67(6), p. 1526-1543.

Rotimi, C. N. *et al.*, 2017, « The African diaspora : history, adaptation and health », *Current Opinion in Genetics and Development*, 41, p. 77-84.

Salzano, F. M. et Sans, M., 2014, « Interethnic admixture and the evolution of Latin American populations », *Genetics and Molecular Biology*, 37(1 SUPPL.), p. 151-170.

Schroeder, H. *et al.*, 2015, « Genome-wide ancestry of 17thcentury enslaved Africans from the Caribbean », *Proceedings of the National Academy of Sciences*, 112(12), p. 3669-3673.

Star, B. *et al.*, 2017, « Ancient DNA reveals the Arctic origin of Viking Age cod from Haithabu, Germany », *Proceedings of the National Academy of Sciences*, 114(34) p. 9152-9157.

Verdu, P. *et al.*, 2014, « Patterns of admixture and population structure in native populations of Northwest North America », *PLoS Genetics*, 10(8).

Via, M. *et al.*, 2011, « History shaped the geographic distribution of genomic admixture on the island of Puerto Rico », *PLoS ONE*, 6(1).

Yunusbayev, B. *et al.*, 2015, « The genetic legacy of the expansion of Turkic-speaking nomads across Eurasia », *PLoS Genetics*, 11(4).

Zeng, T. C. *et al.*, 2018, « Cultural hitchhiking and competition between patrilineal kin groups explain the post-Neolithic Y-chromosome bottleneck », *Nature Communications*, 9(1).

Zerjal, T. *et al.*, 2003, « The genetic legacy of the Mongols », *American Journal of Human Genetics*, 72(3), p. 717-721.

Zhabagin, M. *et al.*, 2017, « The connection of the genetic, cultural and geographic landscapes of Transoxiana », *Scientific Reports*, 7(1).

第五部分　近现代：人类大家庭

Altshuler, D. L. *et al.*, 2010, « A map of human genome variation from population-scale sequencing », *Nature*, 467(7319), p. 1061-1073.

Auton, A. *et al.*, 2015, « A global reference for human genetic variation », *Nature*, 526(7571), p. 68-74.

Benonisdottir, S. *et al.*, 2016, « Epigenetic and genetic components of height regulation », *Nature Communications*, 7.

Blanpain, N. et Chardon, O., 2010, « Projections de population à l'horizon 2060 : Un tiers de la population âgé de plus de 60 ans », *Insee Première*, 1320.

Bourgain, C. *et al.*, 2019, « Faut-il se fier aux tests génétiques ? », *Pour la Science*, 499.

Collectif, 2016, « A century of trends in adult human height », *ELife*, 5, p. 1-29.

Derrida, B. *et al.*, 2000, « On the genealogy of a population of biparental individuals », *Journal of Theoretical Biology*, 203(3), p. 303-315.

Donnelly, K. P., 1983, « The probability that related individuals share some section of genome identical by descent », *Theoretical Population Biology*, 23(1), p. 34-63.

Erlich, Y. *et al.*, 2018, « Identity inference of genomic data using long-range familial searches », *Science*, 362(6415), p. 690-694.

Formicola, V. et Giannecchini, M., 1999, « Evolutionary trends of stature in upper Paleolithic and Mesolithic Europe », *Journal of Human Evolution*, 36(3), p. 319-333.

Gauvin, H. *et al.*, 2014, « Genome-wide patterns of identityby-descent sharing in the French Canadian founder population », *European Journal of Human Genetics*, 22(6), p. 814-821.

Grasgruber, P. *et al.*, 2014, « The role of nutrition and genetics as key determinants of the positive height trend », *Economics and Human Biology*, 15, p. 81-100.

Grasgruber, P. *et al.*, 2016, « Major correlates of male height : A study of 105 countries », *Economics and Human Biology*, 21, p. 172-195.

Gravel, S. et Steel, M., 2015, « The existence and abundance of ghost ancestors in biparental populations », *Theoretical Population Biology*, 101, p. 47-53.

Gymrek, M. *et al.*, 2013, « Identifying personal genomes by surname inference », *Science*, 339 (6117), p. 321-325.

Helgason, A. *et al.*, 2003, « A populationwide coalescent analysis of Icelandic matrilineal and patrilineal genealogies : Evidence for a faster evolutionary rate of mtDNA lineages than Y chromosomes », *American Journal of Human Genetics*, 72(6), p. 1370-1388.

Helgason, A. *et al.*, 2008, « An association between the kinship and fertility of human couples », *Science*, 319(5864), p. 813-816.

Hermanussen, M., 2003, « Stature of early Europeans », *Hormones*, 2(3), p. 175-178.

Heyer, E. (éd.), 2015, *Une belle histoire de l'Homme*, Flammarion.

Heyer, E., 1995, « Genetic consequences of differential demographic behaviour in the Saguenay region, Québec », *American Journal of Physical Anthropology*, 98(1).

Heyer, E. et Reynaud-Paligot, C., 2017, *Nous et les autres –Des préjugés au racisme*, Paris, La Découverte.

Heyer, E. et Reynaud-Paligot, C., 2019, *On vient vraiment tous d'Afrique ?*, Paris, Flammarion.

Kaplanis, J. *et al.*, 2018, « Quantitative analysis of population-scale family trees with millions of relatives », *Science*, 360(6385), p. 171-175.

Kelleher, J. *et al.*, 2016, « Spread of pedigree versus genetic ancestry in spatially distributed populations », *Theoretical Population Biology*, 108, p. 1-12.

Krausz, C., 2001, « Identification of a Y chromosome haplogroup associated with reduced sperm counts », *Human Molecular Genetics*, 10(18), p. 1873-1877.

Leslie, S. *et al.*, 2015, « The fine-scale genetic structure of the British population », *Nature*, 519(7543), p. 309-314.

Li, J. Z. *et al.*, 2008, « Worldwide human relationships inferred from genome-wide patterns of variation », *Science*, 319(5866), p. 1100-1104.

Marchi, N. *et al.*, 2018, « Close inbreeding and low genetic diversity in Inner Asian human populations despite geographical exogamy », *Scientific Reports*, 8(1).

Marouli, E. *et al.*, 2017, « Rare and low-frequency coding variants alter human adult height », *Nature*, 542(7640), p. 186-190.

McQuillan, R. *et al.*, 2012, « Evidence of inbreeding depression on human height », *PLoS Genetics*, 8(7).

Nettle, D., 2002, « Women's height, reproductive success and the evolution of sexual dimorphism in modern humans », *Proceedings of the Royal Society B : Biological Sciences*, 269(1503), p. 1919-1923.

Ralph, P. et Coop, G., 2013, « The geography of recent genetic ancestry across Europe », *PLoS Biology*, 11(5).

Robine, J.-M. et Cambois, E., 2013, « Health life expectancy in Europe », *Population and Societies*, 499.

Rohde, D. L. T. *et al.*, 2004, « Modelling the recent common ancestry of all living humans », *Nature*, 431(7008), p. 562-566.

Vallin, J. et Meslé, F., 2010, « Espérance de vie : peut-on gagner trois mois par an indéfiniment ? », *Bulletin mensuel d'information de l'Institut national d'études démographiques*, 473, p. 1-4. D'après www.ined.fr/fichier/s_rubrique/260/ publi_pdf1_pes473.fr.pdf

Yengo, L. *et al.*, 2018, « Meta-analysis of genome-wide association studies for height and body mass index in ~700 000 individuals of European ancestry », *Human Molecular Genetics*, 27(20), p. 3641-3649.

结论：什么样的人口未来

Bokelmann, L. *et al.*, 2019, « A genetic analysis of the Gibraltar Neanderthals », *Proceedings of the National Academy of Sciences*, 116(31), p. 15610-15615.

Chen, F. *et al.*, 2019, « A late Middle Pleistocene Denisovan mandible from the Tibetan Plateau », *Nature*, 569(7756), p. 409-412.

DeCasien, A. R. *et al.*, 2017, « Primate brain size is predicted by diet but not sociality », *Nature Ecology and Evolution*, 1(5).

Détroit, F. *et al.*, 2019, « A new species of Homo from the Late Pleistocene of the Philippines », *Nature*, 568(7751), p. 181-186.

Dunbar, R., 1998, « The social brain hypothesis », *Evolutionary Anthropology*, p. 178-190.

Green, R. E. *et al.*, 2010, « A draft sequence of the Neandertal genome », *Science*, 328(5979), p. 710-722.

Hershkovitz, I. *et al.*, 2018, « The earliest modern humans outside Africa », *Science*, 359(6374), p. 456-459.

Heyer, E. (éd.), 2015, *Une belle histoire de l'Homme*, Flammarion.

Hublin, J.-J. *et al.*, 2015, « Brain ontogeny and life history in Pleistocene hominins », *Philosophical Transactions of the Royal Society B : Biological Sciences*, 370(1663).

Hublin, J. J., 2009, « Out of Africa : modern human origins special feature: the origin of Neandertals », *Proceedings of the National Academy of Sciences*, 106(38), p. 16022-16027.

Hublin, J.-J., 2017, « The last Neanderthal », *Proceedings of the National Academy of Sciences*, 114(40), p. 10520-10522.

Hublin, J.-J. *et al.*, 2017, « New fossils from Jebel Irhoud, Morocco and the pan-African origin of Homo sapiens », *Nature*, 546(7657), p. 289-292.

Jónsson, H. *et al.*, 2017, « Parental influence on human germline de novo mutations in 1,548 trios from Iceland », *Nature*, 549(7673), p. 519-522.

Kaplan, H. *et al.*, 2000, « A theory of human life history evolution : Diet, intelligence, and longevity », *Evolutionary Anthropology*, 9(4), p. 156-185.

Llamas, B. *et al.*, 2017, « Human evolution : A tale from ancient genomes », *Philosophical Transactions of the Royal Society B : Biological Sciences*, 372(1713).

Meyer, M. *et al.*, 2016, « Nuclear DNA sequences from the Middle Pleistocene Sima de los Huesos hominins », *Nature*, 531(7595), p. 504-507.

Mikkelsen, T. S. *et al.*, 2005, « Initial sequence of the chimpanzee genome and comparison with the human genome », *Nature*, 437(7055), p. 69-87.

Pavard, S. et Coste, C., 2019, « Evolution of the human lifecycle », in *Encyclopedia of Biomedical Gerontology*, Academic Press.

Prado-Martinez, J. *et al.*, 2013, « Great ape genetic diversity and population history », *Nature*, 499(7459), p. 471-475.

Prat, S., 2018, « First hominin settlements out of Africa. Tempo and dispersal mode: Review and perspectives », *Comptes Rendus – Palevol*, 17(1-2), p. 6-16.

Prüfer, K. *et al.*, 2012, « The bonobo genome compared with the chimpanzee and human genomes », *Nature*, 486, p. 527-531.

Reich, D. *et al.*, 2010, « Genetic history of an archaic hominin group from Denisova Cave in Siberia », *Nature*, 468(7327), p. 1053-1060.

Sánchez-Quinto, F. et Lalueza-Fox, C., 2015, « Almost 20 years of Neanderthal palaeogenetics : Adaptation, admixture, diversity, demography and extinction », *Philosophical Transactions of the Royal Society B : Biological Sciences*, 370(1660).

Scally, A. et Durbin, R., 2012, « Revising the human mutation rate : implications for understanding human evolution », *Nature Reviews Genetics*, 13(10), p. 745-753.

Scerri, E. M. L. *et al.*, 2018, « Did our species evolve in subdivided populations across Africa, and why does it matter ? », *Trends in Ecology & Evolution*, 33(8), p. 582-594.

Schlebusch, C. M. *et al.*, 2017, « Southern African ancient genomes estimate modern human divergence to 350,000 to 260,000 years ago », *Science*, 358(6363), p. 652-655.

Ségurel, L. *et al.*, 2014, « Determinants of mutation rate variation in the human germline », *Annual Review of Genomics and Human Genetics*, 15(1), p. 47-70.

Slatkin, M. et Racimo, F., 2016, « Ancient DNA and human history », *Proceedings of the National Academy of Sciences*, 113(23), p. 6380-6387.

Slon, V. *et al.*, 2018, « The genome of the offspring of a Neanderthal mother and a Denisovan father », *Nature*, 561(7721), p. 113-116.

Verendeev, A. et Sherwood, C. C., 2017, « Human brain evolution », *Current Opinion in Behavioral Sciences*, 16, p. 41-45.

Wolf, A. B. et Akey, J. M., 2018, « Outstanding questions in the study of archaic hominin admixture », *PLoS Genetics*, 14(5), p. 1-14.

致　谢

　　本书是我在长期的研究实践和实地考察的基础上，对交流科学知识的强烈愿望形成的成果。幸运的是，我的这个愿望在巴黎人类博物馆的改造过程中得以进一步实现，我作为科学策展人投身其中，参与了展览的设计过程，特别是在 2017 年 12 月开幕的展览"我们与他者——从偏见到种族主义"。

　　对我来说，重要的是，科学家的知识能够在社会中得到运用。我也相信，书籍是与公众分享知识的另一种方式。

　　我要感谢所有与我讨论过这份书稿不同版本的同事，感谢他们慷慨地为我提供专业意见、知识和"犀利视角"。这里要特别提到的是赛尔日·巴于谢（Serge Bahuchet）、塞利娜·邦（Céline Bon）、拉斐尔·谢（Raphaëlle Chaix）、多米尼克·格里莫-埃尔韦（Dominique Grimaud-Hervé）、西尔维·勒博曼（Sylvie Le Bomin）、谢莉·马西（Shelly Masi）、桑德里娜·普拉（Sandrine Prat）和保罗·韦尔迪（Paul Verdu）。

研究是一项集体工作，我很幸运，能够在充满奇思妙想的地方从事我的职业，释放我的激情。在这些地方，无论是正式的演讲，还是咖啡间歇时的简单对话，都能不断满足我对知识、问题和开放思想的渴求。

　　因此，我想感谢所有与我一起从事研究项目的人，其中一些人也是我田野调查的同伴，他们是塔季扬娜·埃盖、菲利普·梅内西耶（Philippe Mennecier）、洛尔·塞古雷尔（Laure Ségurel）、拉斐尔·谢、弗雷德里克·奥斯特利茨（Frédéric Austerlitz）、保罗·韦尔迪、安娜·尼古拉瓦（Anna Nikoleava）、埃里克·维泽尔（Éric Verzele）、居伊·布吕内（Guy Brunet）、尼娜·马奇（Nina Marchi）、阿涅丝·绍斯特兰德（Agnes Sjostrand）、西尔维·勒博曼、马克·特朗布莱（Marc Tremblay）、阿兰·加尼翁（Alain Gagnon）、埃莱娜·维齐娜（Hélène Vézina）、帕特里夏·巴拉雷克（Patricia Balaresque）、路易·坎塔纳-穆尔西（Lluis Quintana-Murci）、罗曼·洛朗（Romain Laurent）、布鲁诺·图庞斯（Bruno Toupance）、弗朗斯·曼尼（Franz Manni）、塞缪尔·帕瓦尔（Samuel Pavard）、米里亚姆·乔治（Myriam Georges）、普里西拉·图拉耶（Priscille Touraille）、诺埃米·贝克（Noémie Becker）、艾蒂安·帕坦（Etienne Patin）、索菲·拉福斯（Sophie Lafosse）、鲍里斯·奇克洛和热纳维耶芙·奇克洛夫妇（Boris et Geneviève Chichlo）、帕特里克·帕凯（Patrick Pasquet）、陶埃斯·拉雷姆（Taoues Lahrem）、西尔维·奥弗兰克（Sylvie Ofranc）、弗洛朗斯·卢瓦索（Florence Loiseau）、纳尔

吉斯·夏皮罗娃（Nargis Shapirova）、乔杜拉·多尔朱（Choduraa Dorzhu）、菲鲁扎·纳西罗娃（Firuza Nasyrova）。他们中的一些人是我以前的学生，现在已经独当一面，成为主持遗传人类学项目的研究人员，巧妙地将实地考察和学术理论相结合。我很高兴能够将自己对学术的热情传递给他们！

此外，我还想将这本书献给我在遗传人类学生涯中有幸结识的所有人，通过认识其他人口群体，遗传人类学的研究将科学和探险巧妙地结合在了一起。

最后，如果没有埃里克·韦尔兹勒（Éric Verzle）、塞西尔·普拉尔（Cécile Poulard）和卡罗琳·布鲁索（Caroline Broussault）源源不断的精神支持，编辑克里斯蒂安·库尼永（Christian Counillon）的鼓励——顺带一提，是同事马蒂厄·古内勒（Matthieu Gounelle）介绍我们认识的，以及格扎维埃·穆勒（Xavier Müller）的帮助，我不可能完成本书。我要真诚地感谢他们！